赢在上班时

赵净净——译

[日] 高城幸司——著

「課長」から始める
社内政治の教科書

中国友谊出版公司

图书在版编目（CIP）数据

赢在上班时 /（日）高城幸司著；赵净净译 . —— 北京：中国友谊出版公司，2019.3

ISBN 978-7-5057-4553-7

Ⅰ.①赢… Ⅱ.①高… ②赵… Ⅲ.①职业道德 Ⅳ.① B822.9

中国版本图书馆 CIP 数据核字 (2018) 第 266279 号

著作权合同登记号　图字：01-2018-8573

书名	赢在上班时
作者	[日]高城幸司
译者	赵净净
出版	中国友谊出版公司
发行	中国友谊出版公司
经销	新华书店
印刷	天津中印联印务有限公司
规格	880×1230 毫米　32 开
	8 印张　122 千字
版次	2019 年 3 月第 1 版
印次	2019 年 3 月第 1 次印刷
书号	ISBN 978-7-5057-4553-7
定价	42.00 元
地址	北京市朝阳区西坝河南里 17 号楼
邮编	100028
电话	(010) 64678009

前　言

听到"职商"，你会想到什么？是职场漫画或电视剧中那种激烈的相处模式，还是对高层极尽谄媚之能事的上司？抑或是暗地里给对手使绊子的同事的丑恶嘴脸？总之，大多数人对"职商"这个词常存在不同的印象。

我在刚进入瑞可利工作时，也是如此。总是冷眼看着为了疏通关系而四处奔走的上司，以及消息灵通、对公司大事小情了如指掌的同事；心里想的是"干吗老在公司内部搞事情，我们的工作是面向客户的""走后门之类根本就不地道嘛"。

于是，我完全不在意职场氛围，只是全身心投入眼前的工作。并且，作为业务员，我创造了6年蝉联销售冠军的纪录。不满30岁时，就已在公司奠定了一定的地位。

但是，好景不长，很快我就碰壁了。那是我升职为经理（主管职位）之后的事了。在此之前，我一直边磨炼技艺，边卖力工作，最后总能取得好的结果。但是，成为经理之后，我发现延续以前的做法无法顺利推进工作。

当时我所在的部门在讨论新企划案。经过一番缜密的逻辑推演，我们部门提出了一份颇具说服力的企划案。征求公司里几位相关人员的意见，大家都说"这个想法不错呀"。于是我很放心地等待决策会议的到来。

可是，当我在会议上小心翼翼地征求大家的意见时，有几个之前不怎么接触的人当即表示："有没有其他方案呢？"而且，马上有人附和："确实，现在就决定采取这个方案的话，未免太草率了。"于是，连原本赞成的几个人也开始唱起反调："的确……"结果，事业总监下了结论："下次多提几个方案之后再讨论。"我完全没有抗辩机会，转瞬之间形势发生大反转，我的企划方案被束之高阁了。

结果糟糕透顶。上司采用了其他部门的企划案，我的提案被驳回。我有种被背叛的感觉，同时也明白了自己做报告的能力有多差，还失去了一直以来和我一起挥汗拼搏的下属们的信任……真是一连串的打击！

这样的经历，已不止一次。

于是，不管是否心甘情愿，我都得开始认真面对"职商"这一课题了。

环顾四周，有能力的中层管理者总是懂得掌控下属，获取上司和高层的信任，织就一张公司内部的人际关系网。并且，他们会巧妙地调整公司内部的利害关系，达到令"大家都觉得他是对的"的目的。

公司内部经常有对立的利害关系。经营团队希望实现利益最大化；一般职员则追求工作价值；开发部希望有充足的预算来提高产品品质；财务部则盘算如何削减开支；自己部门的员工则是在有限的预算、人力资源和新颖的企划案中，进行拉锯式对抗。所谓"职商"，就是在巧妙协调这些复杂的利害关系的同时，提高自己部门的业绩，赢得表现的机会。我终于认识到，这种职商，对于管理者而言才是最重要的一种能力。

遗憾的是，我天生就不是具备职场敏感度的人。因此，我通过多观察上司和前辈、多读相关书籍，以及屡次失败的教训，逐渐掌握了这种"职商"。之后，我终于成功地由业务部转调到编辑部，完成了我进入公司以来的梦想：创刊新杂志。等编辑部业务步入正轨后，我又以事业总监的身份，挑战了更有难度的工作，积累了丰富的工作经验。

自我以人力咨询顾问独立创业后，在观察客户的职商的同时，也目睹了无数职场人在职商中的成功与失败，并得以从中汲取了许多教训。

近年来，年轻上班族，尤其是主管级别的上班族，找我咨询的机会多起来。其中，他们的烦恼大多与职场情商有关。但是，我寻遍书市，几乎没有正面探讨职场情商的书籍。

因此，我才写下这本书，将之前所学的"职场情商"精髓汇集整理成书。本书设定的目标读者群，是部门主管以上的管理者，以及想要成为部门主管的普通职员，尤其是没有职场敏感度，自认为社交方面比较笨拙的人。为了给曾经在职场中碰壁，并有幸成为管理者的自己一些鞭笞，我写下了这本书。

如果你能借助本书磨炼你的高情商技能，想必一定可以提升你在公司的形象，让大家认同你，并获得实现抱负的机会。

无论什么样的公司，都会有人际关系。如果没有职商，就无法做好管理工作。希望各位务必面对现实，通过提高自己的职商，度过充实的职场时光。

高城幸司

目　录

第4章　掌控下属

第5章　攻下上司

Chapter 1

二

上班时，职商是一种"影响力游戏"

1

提高职商是上班时无法逃避的现实

——没有职商的主管，无法胜任工作

培养职商是现实

有人说在上班时，没有必要培养情商。但是，我不这么认为。

公司，是人的集合体。不同的人聚集起来，必然会产生人际关系。**人际关系本身，既非善，也非恶，它可以通过情商来改善。培养高职商，是人们在集体生活中必然会遭遇的一种现实。**

当然，像"1+1=2"这样，逻辑上可以得出明确答案的问题，通常没有职商介入的余地（有时候，也会被职商影响，而出现"白的"被说成"黑的"的情况……）。但是，人际关系中产生的问题，大多数都没有明确的答案。

举个常见的例子，比如午餐吃什么。

假如是跟同事两个人一起去吃午餐。你想去吃意大利面，而对方想去吃咖喱饭，到底去哪家店呢？这里，就没有逻辑性答案，而是职商问题。对于双方利害不一致的问题，就必须看各方表态了。

这种情况下，决定事件走向的往往是"力量关系"。

如果对方是前辈，拥有较强的发言权，你一定会做出让步，"那就去吃咖喱饭吧！"或者如果对方说"你想吃意大利面的话，也可以呀！"你也会遵从他的意思。如果言行中忽视了这种力量关系，则必然会产生摩擦。

不过，前辈也并不一定会更有发言权。假如你的业绩格外突出，前辈比较有威胁感的话，也许是你更有发言权。发言权并不是一成不变的，它会根据具体状况在双方之间游走。

总而言之，这种情况下，以双方的力量关系为核心来决定事物。我认为，这就是所谓的"职商"。一顿午餐都尚且如此，**可以说，在上班时我们每时每刻都在过着这种"几乎每个场面，都存在着双方力量关系的拉锯式抗衡"的集体生活。**集体中的人数越多，情况就越复杂，以力量关系决定事物走向的原理则永恒不变。

正是这样，培养高职商是集体生活中无法逃避的现实，是一种日常。事实上，没有任何一家公司不存在人际关系问题。有人认为这是日本企业特有的一种历史悠久的存在。其实，培养高职商技能在苹果和微软等欧美先进企业中也同样如火如荼，经常会听到相关消息。任何一家公司都有人际关系问题。回归正题，**有意识地逃避职商的培养，就等同于逃避现实。**

对于无法逃避的现实，方法只有一个，即接受这一现实，有所准备，推敲对策，并付诸实施，除此以外毫无办法。在台风登陆这种无法逃避的状况下，依然选择悠闲地钓鱼，那就只能接受遭遇狂风骤雨袭击的现实了。

对于主管而言，高职商是最重要的一项技能

话说回来，其实年轻的时候，员工并没必要过于关注情商问题，而是应该一心扑在眼前的工作上，不断磨炼业务能力，专心致志地创造业绩。这也是公司对你的期望。

但是，成为主管后，这份期望会截然不同。有人认为，**主管的工作，位于迄今为止工作的延长线上，这是区别所在。**有必要认识到：**当上主管之前的工作和当上主管之后的工作，从根本上就是不同的职务。**

确实，近年来，很多公司不得不面临主管既是领队又是运动员的窘境，很多主管不得不兼顾实务工作。但是，这不是主管工作的本质。

主管的工作，是分配工作。必须通过安排下属工作、请求上司支持、调动组织，以促进整个部门取得工作成果。

然而，每个人的价值观不同，利害关系也不尽相同。比如，高层为了实现业绩、利益最大化，一定希望下属们全身心投入到业务中。但是，下属们则不一定仅仅为了实现业绩、利益最大化而工作。他们应该更加重视家庭生活和工作的意义。

与其他部门的关系也同样。公司内的各个部门，或多或少都会有一些利益冲突。研发部门追求的是最佳品质，哪怕超出预算；财务部追求的则是尽一切可能削减预算；生产部门追求的是制作生产性高的产品；销售部追求的则是满足客户需求，推出多样化的产品。

公司中经常会存在诸如此类的利害关系，各自的诉求，在各自的立场上也大多是"正确的意见"。因此，很难去协调这种利害关系。仅从道理上去说服，几乎不可能。**工作上必须讲道理，但它只是说服对方的必要条件，并不是充分条件。**

解决这种难题，正是主管的职责所在。经理揣度双方之间的力量关系，在讨价还价的同时驱动对方，就是"职商"。经理必须具备这种高职商技能。

产生人际关系问题的两个源头

那么，产生人际关系问题的源头是什么呢？

公司里面，左右人际关系的因素有两个。

第一个因素是"权限"。所谓权限，是指挥命令权、职务权、人事权等，可以强制别人做某件事且不容辩解的一种力量。也可以说为了使当事人履行被赋予的职责，而分配给他的"武器"。**为了履行主管的职责，必须最大限度运用赋予自己的权限。**只是在职商这一课题上，这种权限并非那么有力。

主管的权限影响到的只有自己的下属。位于公司权力机构最末端的主管，对上司自不必说，可以对其他部门行使的权限更是微乎其微。非但如此，如果对自己的下属行使权力过于露骨，也不是什么明智之举。原因在于，**虽然权限具有强制性，但也容易催生反叛和摩擦。**

职商是"影响力游戏"。于是，影响力就显得尤为重要了。它也是左右人际关系的另一个因素。

所谓影响力，正如社会心理学家罗伯特·B.西奥迪尼在《影响力的武器》一书中所述，让别人说"是"的能力，是一种有意识地让对方往自己希望的方向行动的引导能力。

影响力产生于多种因素。

首先，重要的是**信赖关系**。这一点理所当然，任何人都不可能听信不值得信赖的人并按他说的去做。肯定会疑神疑鬼，他会不会在背后撤掉梯子，会不会是设下了陷阱让你去跳。

讨对方喜欢也会产生影响力。比如，讨上司喜欢的话，当你卷入麻烦时，他会伸出援手拉你一把，"我来帮你"。或者，给你安排一个前景好的项目也未尝不可。

实际业绩也很重要。取得卓越业绩的人和业绩平平的人，发言权当然会有差别，这一点不难理解。

稀缺性专业知识也同样有力。在这一领域拥有较强的发言权不言而喻，组织中重视你的存在的力量无疑也会起作用。

这里列出的，只是其中一小部分。各种各样的因素，会强化你的影响力。

不过，**影响力具有自我繁殖性**。

一个影响力形成之后，它会帮助强化其他影响力。例如，你赢得了下属的信任，将整个部门管理得井井有条，把这些看在眼里的总监也会给你好评。说不定因为跟你建立了良好的关系，还能在此基础上与你的下属建立起良好关系呢。当下属认识到你对总监的影响力增强后，追随你的动机会更强。

或者，当你成功地在高层那里树立起良性认知后，与你有利益冲突的部门看到你背后高层的"影子"，态度也会软下来。这样一来，你就能在关于利害调整的谈判中占据有利地位。当高层看到你能顺利协调公司内部事务时，对你的信赖会更多一分，从而更加认可你的价值。

提到职商，很多人都会抱有诸如"阴谋诡计"和"内幕交易"等负面印象，事实并非如此。你要做的是，利用一切可以利用的机会去打造自己的影响力，并且打造出影响力不断增强的良性循环。

所谓职商，其实就是一场"影响力游戏"。

拒绝处处逢迎

——培养高职商的不变法则

处处逢迎的人，反而会将自己置于尴尬的境地

也许有人会说，职商不就是指"在人际关系中，处处逢迎、游刃有余"嘛。

看清公司里面的力量关系，采取明智的行动当然必要。但是，这与"处处逢迎"一词所蕴含的含义截然不同。确切地说，**目光短浅地钻营，反而会恶化自己在公司的作为。**

最容易理解的是"八面玲珑"。对谁都一味附和，从不得罪任何人。

诚然，**"多交友，少树敌"**是职商的不变法则。所以，跟任何人打交道都带着善意这一点非常重要。但是，与任何人打交道都带着善意，和对任何人都曲意附和，是截然

不同的两码事。

打个比方，上班时有两个人意见相左。

如果两个人都强有力，那么周围的人就要好好考虑一下如何站队了。倘若轻易赞同了其中一方的意见，势必会导致与另一方之间关系的恶化。这种情况下，如果分别对双方都表达了赞同意见，那么就要设法保证自己当时的"人身安全"了。

然而，无论周旋得多么天衣无缝，也难逃被发现是"两面派"的命运。在场的其他人，肯定会发现你对不同的人说不同的话。这话还会传到对立双方中势力较强的一方。这样一来，所有人对你的信任都会一落千丈。无论你怎么解释，别人都不会再相信你，你在职场的影响力也会随之跌入谷底。于是，**"八面玲珑"**势必会变成**"四处碰壁"**。

结果，"八面玲珑"的人为了保护自己，陷入欺骗对方的尴尬境地。这与带着善意和他人打交道截然不同。况且，**这种一时的场面应付，也许当时成功了，但过后必定会败露**。

培养高职商技能是一场持久战

在上班时，有一点必须意识到，即"**培养高职商技能是一场持久战**"。

一个人从初入职场到退休，有近 40 年时间在同一家公司工作。近年来，中途跳槽的人有所增加，但如果不在同一家公司坚持 3~5 年，恐怕也不会有什么像样的业绩。在这么长的时期内，要在一定的固定人际关系中度过。

这一点非常关键。原因在于，**长期一起共事，周围的人全都能看清一个人的人品**。爱耍小聪明、见风使舵等习惯，即使一时奏效，有朝一日终会被识破。

这个代价太大了，**将彻底失去别人的信赖**。

所谓职商，就是能用得动别人的能力。并且，需要尽最大可能，使别人自发地行动起来。为此，就要在双方力量关系的背景下，采取各种各样的心理策略。但是，大前提是必须有信赖，否则无从谈起。

本来，没有获取周围信任的人就没什么影响力。这样被大家轻视，也理所当然。如果需要别人办事，对方会觉得"那个人的话不能信"，即使你的要求完全合理，人家也根本不予理会。

经常有人说"重点在于说了什么，而不是谁说的"，对此我表示强烈怀疑。现实世界中最常被问到的，是"谁说的"。只有先解开这个疑惑，人们才会去仔细揣摩"说了什么"。

因此，信赖是职商的基石。**没有信赖，职商就无从谈起。**

积攒了足够信赖的人，才能长期立于有利地位

那么，要想赢得信赖，应该怎么做呢？

答案非常简单，**即诚实**，除此之外别无他物。

有礼有节，谦虚，不说谎话，遵守约定和规则，对任何人都一视同仁，态度不因人而异，认真地听人讲话，犯了错误敢于承担并道歉……我们要忠实地遵守这些从幼儿园就开始学习的做人的基本道理。

此外，还有作为职场人的诚实。所有的职场人，都背负着这样的期待：通过满足客户需求，与社会和谐并进，为公司做贡献。这是一切工作的基本要求。只有忠实地遵守这个基本要求，才能逐步建立起自己作为职场人的信赖关系。

只能通过平时的一点一滴，在所有场合保持自己的诚实性，才能积攒起周围人们对自己的信赖。信赖的储蓄量，正是你职商基础的牢固度。

任何人在工作中都可能出现失误。失误一次，信赖就减少一分。这时，保护你的就是"储蓄的信赖"了。只要储蓄得足够多，就不至于一次失误后信赖就跌入谷底。只要不是致命的失误，周围被影响到的人也会原谅你。**即使公司内部**

有人把你视为眼中钉，也自会有信赖你的人来力挺你。

但是，如果平时就不实诚，则会让周围的人产生"那个人的确差劲"的印象，并在心里打上这样的烙印。这样一来，则万事休矣。你在公司内的地位将全面坍塌。

此外，职商并不全是漂亮话。

有时，你会面临不得不与人为敌的局面。也许会遭受一部分人背地里的毁谤，或者被强加诚实或不诚实的苛刻判断。

这种情况下，保护你的也是信赖储蓄。当对立方的"信赖储蓄"少于你的"信赖储蓄"时，周围的人支持你的可能性应该更高。反之，当你的信赖储蓄较少，对立方巧妙地拉拢了周围的人，无疑会让你跌进不利状况。

所以，要在"枪林弹雨"的职场中生存下来，首先要做的是把诚实贯彻下去。诚实地做事，可能会从两面三刀的人身上吃些苦头。但是，时间会证明一个人的真正价值。

先不要被眼前的事务迷惑，而把平时的信赖储蓄放在第一位。

培养高职商技能是一场持久战。

只有为职商打好坚实基础的人，才能永远立于不败之地。

向他人传达"你很重要"的信号

——在上班时提高职商的重要战略

给予对方真正需要的东西，是发动别人的唯一方法

"职商方面最好的参考书是什么？"

当被问到这一问题，我会推荐《影响力》（戴尔·卡耐基著）。原因在于，当深究"何为职商"，我发现正是影响别人，使他们按照自己的意图行动起来。这本书总结了影响他人的原则，是提高职商技能方面绝对不可错过的必读书目。

这本书中总结了很多重要精髓，其中我认为尤其重要的一项，是"给他重要感"。在这里，卡耐基做了一个这样的设问。

"要想影响别人，唯一的方法是给对方真正想要的东

西。对方想要的是什么呢？"

答案在这里。

优秀心理学家威廉·詹姆斯曾说，"人类性格中最强烈的，是渴望得到别人认同的心情"。请注意，在这句话里，詹姆斯没有用到希望、盼望、期望等温吞的词语，而是用了"渴望"一词。

这才是一直扰乱着人心的灼热渴望。能够正确满足他人这种心灵饥渴的人少之又少，只有能做到这一点的人，才能笼络住人心。

这与我个人的实际体验完全一致。

的确，回过头去看我的个人经历，业绩上不去、无人认同、没有人愿意跟我合作时，最为痛苦。愿意为了取得好的结果而拼命努力时，只是因为一心想要得到别人说"你很重要"的认可。并且，把认可自己的人当成"自己人"，并希望为他出一份力。我真切感受到，这些其实都是再自然不过的心理活动。

因此，我意识到，**要向每一个人传达"你，对我来说很重要"的信号**。我认为，这是增加同盟的最佳方法，也是高职商的根源。

抓住一切机会，告诉对方"你很重要"

打招呼是基本。

打招呼，是传达"我认识你"的暗号。可以说，它是向对方传达"你很重要"的第一小步。然而，总是有人会忽视它。

例如，有人在公司走廊里擦肩而过，却一个招呼都不打，这简直太恐怖了。原因在于，**不打招呼，其实相当于向对方传达了"你对我来说不重要"的暗号**。相当于每天都在为自己树立"敌人"。

叫得出对方的名字也很重要。

有一个非常有趣的心理测试。有人做过调查，关于对方说什么话时，人们最高兴。直觉上大家会以为是"谢谢、你真厉害"等话，其实不然，而是本人的名字。

理所当然，无论是谁，都不会刻意去记自己毫不关心的人的名字。也就是说，**对方会把你是否记住了他的名字，作为判断你怎么看待他的标尺**。要向对方传达"你很重要"的信息，首先要记住对方的名字。并且，打招呼时说出对方的名字很重要。

其实，成功人士中的大多数都践行着这一点。一位在某大型企业中做到董事级别的朋友，从他当上主管开始，就坚持在笔记本上记录大家的名字和履历，并努力背诵下来，记录对象上至高层领导，下至自己的直属下属，甚至还有部门的新员工。他说："其他部门尚未熟悉公司情况的新员工，被叫出名字后百分之百会神采飞扬哟！而且，会变成我的拥护者。"

　　此外，**尽量用有针对性的话题搭话**，效果会更好。

　　例如，早上到公司时跟下属打招呼，不用通常的寒暄语，而是用"××，昨天的会，结果如何？"或者"这个周末，你们全家出去旅行了吧？玩得怎么样？"等跟对方密切相关的话题。

　　其中，也有人用"今天状态怎么样？""今天就拜托你了"等搭话，但是这样效果不明显。因为这些话对任何人都能说。相比之下，还是个别而具体的问候效果更佳。原因在于，这样相当于向对方传达了"我很关心你""在我心里，你不同于其他人，你是很重要的"这样的信息。

倾听对方，等于表达敬意

倾听也很重要。

认真倾听对方讲话，相当于向对方表达敬意。

首先，需要注意的，是要有认真倾听的姿态。我也经常会犯这样的错误，忙的时候如果有人跟我讲话，回答时会眼睛都不离开电脑屏幕。其实，这样的行为，相当于向对方传达了"你说的话，根本不值得一听"。**一定要采取与对方面对面的姿势**，或者告诉对方"我现在正忙，待会儿再去找你"，这样也不至于伤害对方的自尊心。

另外，听对方说话时，要真诚地倾听，努力理解对方的真实想法。

这相当于向对方传达"你说的话，很值得听"。泛泛听一下立刻表达自己的意见，打断别人的话是大忌。因为这相当于说"我说的话比你说的更有价值"。**对方会受到伤害，觉得"自己的价值被贬低了"，内心对你的排斥一定会继续加剧。**

商量、征求意见也比较有效。

打个比方，你有一个希望能够实施的企划案。这时，一定要去找对是否采用企划案有决定权人谈一谈。不但能从他那里获得一些有益的建议，**还能让他知道"你很重视他的意见"**，所以才特地去找他谈，有双重意义。人们总是对认可自己重要的人产生好感。因为很容易结成同盟。当然，企划案本身的质量也很关键，但是，真正决定是否采用你的企划案的，是能不能获得对这一判断有绝对影响力的人物的支持。

高明地求人，也相当于向对方传达了"你很重要"。

重点在于，要了解清楚对方的专长领域。几乎所有人都有这个倾向，当有人来请教自己专长领域方面的问题，自尊心都会得到极大满足。

例如，当电脑出故障时，去请在电脑操作方面自信满满的人来帮忙；碰到英语文章中不理解的部分，去找自认为英语很好的人来翻译。大多数情况下，当对方发现"这个人很了解我"，会大大提高对你的好感。

比夸奖更重要的

夸奖对方，也是告诉对方"你很重要"的一个妙招。

但是，如果夸得不恰当，反而会产生负面效果，所以需要格外小心。这里的关键是要具体。

经常会看到有些人，只是一味地说些泛泛的恭维话。"你真能干""你好努力"等这种抽象的夸奖，无法打动对方的内心。说不定反而会弄巧成拙，让对方觉得"只是嘴上说说罢了！根本就不了解我嘛！"，反而对你产生不信任感。

高明的人，夸奖对方时则一定会穿插一些具体的场景。

例如，对乐于帮助后辈的下属，只说"你很乐于助人呀！"和"昨天你在指导 A 时，目光那么真诚。能够自然而然地做到这一点，其实非常难得呀"这两种说法中，哪一种更让人开心？显然是第二种。

原因在于，他因此知道"你认真观察了我的一举一动"。**人们在感受到对方"在看我""在关心我"时，会极大地满足自己的重要感。**

通过观察幼儿，可以清楚地发现当父母在关注自己时，他们会哭泣、说俏皮话、调皮捣蛋。至于接下来是得到父母的安抚"好了，好了"，还是会被责备"你在干吗"，其实不那么重要。总之，他们希望父母的目光集中在自己身上，希望自己的重要感被满足。而且，在父母的注视下，他们更容易安心入睡。

这一点，在成人身上也不会改变。让对方知道"我一直在关注你"也很重要。从这个意义上来看，可以说，在本质上满足重要感的并不是夸奖。人们常说"夸奖八分，责备两分"，**重点不在于"夸奖还是责备"，而是"是否认真关注了"**。其实，受到带有具体场景的严肃训斥后，反倒能从中捕捉到"对方在关注自己"的信息，会感到喜悦。

总而言之，要让对方知道"他很重要"，需要从平时的一点一滴做起，最重要的，**是让每个人感受到你在真诚地关注他**。"现在在做什么工作？""有什么烦心事吗？""爱好是什么？""最重视什么？"……带着这样的关心细心观察对方，是你迈向把对方变成"同盟"的第一步。

赢在上班时，要先付出

——不能做老好人

建立互助关系网的方法

"报答性原理"是商务类书籍中频繁使用的术语之一，在职商方面，同样也是一个尤为重要的课题。

众所周知，所谓"报答性原理"，是通过提供对对方而言有某种价值的东西，让对方觉得有强烈必要对自己有所报答。这是影响力的源泉。原因是，以对方"必须有所报答"的心理为杠杆，对方自发地按照自己意图行动的可能性会大大提高。

归根结底，**职商的高低，与让多少人感受到报答性直接相关。**

因此，从一开始，你有必要向尽可能多的人提供有某种

价值的东西。上班时，这种机会成千上万，只需最大限度地加以利用即可。

比如，有人遇到困难了，帮他一把。哪怕很小的事也没关系。有人用复印机遇到困难时，教他怎么使用；下属在工作上遇到难题了，一起商量解决办法；其他部门解决问题时，伸出援手……

平时脚踏实地地做好这些事，万一有一天你遇到了困难，一定会有人伸出手去帮你。或者当你有事求助于别人时，对方也一定愿意提供帮助。

当然，当别人向你提供了某种有价值的东西，与此相对，你必须有所回报。这样，彼此利用"报答性原理"，不但深化了良性的人际关系，还能同时建立起信赖关系。

如果能在公司内部广泛建立这样的互助关系网，你就拥有一定的职商了。

归根结底，人是无利不起早

不过，在利用"报答性原理"时，需要注意以下几点。

首先，需要明白"报答性"麻烦的一面。即"你帮了我，我必须有所回报"的想法，**出于义务感，很可能给对方造成强烈的思想负担。**

即使出于义务感，也有可能采取对你有利的行动，但是，一旦成为负担，这种互助关系必将无法长久存续。因为对方会开始害怕面对你。

所以，**冷不防向对方提供过大价值的行为，并不受欢迎。**先从提供微小价值的事情开始，然后双方开始利用"报答性原理"，并逐渐加大彼此提供的价值，才是明智之举。

其次，**对报答性不能抱太大期望**，这一点也同样重要。

想必大家在这方面都或多或少有些惨痛经历。比如，对新来的同事曾不胜其烦地帮忙，有事想找对方帮忙时，却被一口回绝的经历。如果是令对方很为难的事也就罢了，但远远没到那个程度，感觉就像遭受了突如其来的背叛。工作中最大的打击，莫过于求助无门。

我本人，迄今为止也有过多次类似经历。所以，我一直告诫自己，"不对报答性抱太大期望"。当有事需要请别人帮忙时，必然让对方觉得有利可图。

毫不含蓄地讲，**人都是无利不起早。**

"报答性原理"的确有效，但不得不承认，与眼前利益比较一下还是略显薄弱。倒不如说，对报答性的期望过高，在为对方利益考虑方面难免略有不足，反而会产生负面影响。想让别人为你办事，那就得给他利益。不妨冷静地看待这个问题，即"报答性原理"只能作为后援。

人情洒在水里

　　此外，对于不遵守"报答性原理"的人，还要注意控制自己的负面情绪。世界上确实有不报恩的人。对于这样的人，产生负面情绪从情理上来说也是理所当然。

　　但是，切忌把这种情绪表现出来。

　　曾经发生过这样一件事。

　　几位经理在一起喝酒。酒过三巡后，其中一位经理开始抱怨自己的下属。这个下属在其他部门评价不好，转到了自己的部门，自己想办法让他升上了组长，对他说："恭喜你，好好干吧！"结果对方不但没感谢自己，还撂下这样的话："有什么好恭喜的！跟我同期的早就当上组长了……"

　　他对这个缺乏自知之明而又嘴上不饶人的下属，当场就想痛骂一顿。不过，当时还是劝住了自己，只能在酒桌上一吐为快。

　　当然，这种心情可以理解。但是，作为听的一方，我觉得很无聊。不仅如此，内心对这位经理的评价也会降低，感觉气量真小。打量一下除他以外的几位，无一不在苦笑。

　　长野县上田市的前山寺里，有一句刻在石头上的名言：

人情洒于水中，恩泽刻于石上

这句格言，对于职场人也非常有效。

有意识地运用"报答性原理"，向他人提供有价值的东西固然是重要战略。但与此同时，还有一种悖论存在，也是对不知恩图报的人产生负面情绪的原因。要想从这一悖论中抽离出来，就要**常用"人情洒人水中"的格言劝慰自己**。并且，**把自己受到的恩泽刻在石头上**。这是最大限度活用"报答性原理"的关键所在。

不要做老好人，一定要检验对方的言行

当然，最为理想的状态，是不求回报，无私地付出。但是，在我看来，在公司这种现实世界里，没必要去做那样的老好人。不，更准确地说，**根本不应该去做老好人。**

"人现实地活着，与人应该如何活着，是相差甚远的两个命题。因此，关于人应该如何活着，现实中忽视人活着的姿态的人们，不仅无法自立，反而会落得对方想要把他毁灭的下场。原因在于，做了好事后喜欢说大话的人，在大多数的人群中，注定会被毁灭。"

以上是马基雅维利的《君主论》中的一节。

受到不少诋毁的《君主论》，在这里却凝结了在现实社会生存下去的智慧。

的确，正常公司里面，"真正的恶人"并不多。但是，人类是一种自私的生物。这一点，扪心自问，应该任何人都能觉察到。

假如你是个老好人，也只不过是被利己主义的人们巧妙利用了而已。 而且，你在上班时一定难以生存。

所以，有必要经常检验对方的言行。为了让"报答性原

理"奏效，首先，你要向他人提供有价值的东西。也许，可能会没有回报。这种情况下，就让人情随水流走好了。但是，需要经常检验对方的言行，看对方是否只是在利用你的善意。

并且，**假如对方是纯粹的利己主义者，最好跟这样的人保持适当的距离**。但是没必要指出对方的缺点，刻意树立一个敌人。不声不响地拉开距离就可以了。这样的人，会被逐渐孤立起来，所以与他疏远一些也不会对你带来负面影响。

反之，重视"报答性原理"的人，则可以逐渐扩张互助关系网，将来在公司内发挥影响力的可能性会很大。与这样的人建立起良好的人际关系，有朝一日他会成为你强有力的后援。

首先，要给予。

但是，不要做老好人。

这是职商的不变法则之一。

把私心打造成大义

——如果没有强烈的欲望，无法在上班时制胜

没有人为了私心提供帮助

"动机为善，则不会有私心。"

据说，稻盛和夫先生就经常这样鞭策自己。

举着"为了实现电话费降价"的大旗，成立了日本第二家电话公司（现 KDDI）时，他也自问自答"自己想做的事情，真的是为了国民的利益，还是出于自己想出名的私心呢？"据说，他是在做到心无旁骛后，才开始付诸实施。

正因为如此，第二电话公司才取得了成功。而且，还是在与压倒性强者 NTT 的竞争中。没有人会为了某个人的私心而提供帮助。正因为受到稻盛先生的大义感召，员工才齐心协力，在与 NTT 的残酷竞争中赢得一席之地。而且，正

是因为这份大义中不存在虚假，第二电话公司才能最终获得国民的支持。

舍弃私心——这是主管实现高职商技能非常重要的一点。

我还是在瑞可利就职时，深切感受到了这一点。

当时，我担任事业总监。事业总监的工作中，大多数都是职场人际关系管理。领导下属们完成工作，进行部门间调整。为了得到高层的支持，进行事前疏通。有时，还要暗地里与利益冲突部门开战。这份工作尽管总是要恶战苦斗，但是能在完成一项重大工作后收获强烈的成就感。

但是，我有一个梦想，就是希望有朝一日独立出来。而且，我相信自己可以利用之前建立起来的人脉，从事人力资源咨询师这样一份有社会价值的工作。于是，做出了一年之后离职、独立创业的决定。我没有在公司内透露消息，秘密开始进行独立准备工作。

当然，对瑞可利的工作我还是全力以赴，可以说是所谓的身兼多职吧。虽然有一定的压力，但是朝着自己的梦想努力，再苦都不觉得。数月后，我竟然有了一项不可思议的发现。

在瑞可利的工作，比之前进展得顺利了。与上司、下属、其他部门之间的关系也越来越好了，冲突减少了。之前经常在会议等场合唱反调的人，也莫名其妙地开始对我的提案投赞成票。

当时感觉很不可思议，后来才发现原因所在。即产生了退意的我，不再有私心。

在此之前，"在瑞可利大有作为""提高业绩"的想法很强烈。但是，决定离职以后，所有的一切都变得无足轻重了。正因如此，在面对"对公司而言最好的选择""对客户而言最好的做法"这样的判断时，才不再受到私心的影响。所以，赞成我的提案的人才会增多。我这样反思。

因为决定离职，我在公司的影响力才有好转，其实是一个无比讽刺的事实。不过，这时我才得以深刻体会到舍弃私心的重要性。

私心是最强动力

然而，对普通人而言，舍弃私心很难。

我本人，也不过是在决定离职以后，无意识中舍弃了私心而已。绝不是私心本身消失了，而是有了独立创业这一更强烈的私心，这才是最强大的动力。关于应该如何应对私心，这个问题，我也答不出来。

有一天，我有幸读了松下幸之助的著作《决断的经营》（PHP 研究所），并且从这本书中收获了重要发现。

这是很早以前的一件轶事。松下电器（现为 Panasonic）在创立一年后的 1936 年，想进军电灯泡市场。问题出在价格方面。当时，T 公司的电灯泡处于一流地位，售价最高，36 钱①。三流、四流的电灯泡，售价低于它的一半。而松下先生，想把售价定为 36 钱，为此他遍访了全国各地的代理商。

但是，得到的是悉数驳回，大家都说"松下简直是乱来！"松下电器的电灯泡没有任何业绩，不可能和 T 公司的价格一样，毕竟人家拥有行业一流的品牌，以三流的价格出售，估计还马马虎虎。

———————————————

① 36 钱，指日本昭和时代大正钱币。

当你把私心升华为大义，你就拥有了强大的影响力

貌似当时松下先生也大失所望，尽管这是再自然不过的道理。于是，松下先生改变了视角，想出一个新的战略，改为去全国的零售店游说。

"这可不是关乎某个人、关乎松下电器一家公司的问题，而是关乎我们国家能否再打造出一个一流制造品牌的重大问题。相扑比赛中，如果只有一个横纲选手（日本相扑力士的最高等级）的话，比赛肯定不精彩。有两个人互相对立、竞争，比赛才有看头。电器行业也是，有两个横纲同时存在，这个行业才能继续进步。从这个意义来讲，为了把松下电器培养成横纲，我们的电灯泡也请以36钱的价格出售。尽管商业讲究现实，但是现实的商业，也需要对未来的憧憬。请大家把这只电灯泡当作对未来的憧憬！"

简而言之，他举起了"促进行业向上发展"这一大义的旗帜，并打动了全国的零售店，实现了以36钱的价格出售。当然，毋庸置疑，之所以能取得这样的结果，还是得益于松下先生迄今为止培养起来的信赖关系。在信赖关系的基础上，举起了为整个行业发展考虑的大旗，所以极大地打动了他们的心。

而且，这是创业一年后发生的事。松下先生，应该有希望事业成功的强烈私心。正因如此，松下先生顶着很大的压力，才能认真想出以大义之名的良策。只有当强烈的私心和大义相结合，才能催生出强大的动力。

　　所以，我认为，没有必要舍弃私心。

　　假装出一副舍弃私心的样子，周围的人还是会发现。倒不如说，因为私心是生存的原动力，所以私心越强烈越好。上班时是一场"战争"，如果没有强烈的私心，则无法在激烈的"战场"上生存下来。

　　不过，需要常常举起大义的旗帜，多用"为了整个公司""为了整个部门"这种大义。要认真地思考这种大义，当你把私心升华为大义，你就拥有了强大的影响力。

Chapter 2

$$\text{=}$$

$$\frac{\text{话多的人不可能赢在上班时}}{2}$$

赢了争论，输在了上班时

——避免争论，引导对方的技巧

"评论家"中出不了出色的外交家

有人被称为"评论家"，指的是那些口若悬河地摆出理论，把对方说得哑口无言的人物。其中，或许也不乏有理想、有抱负的人物。我在职场电视剧中看到下属巧舌如簧地将上司做的坏事全盘倒出，令对方无言以对的场景，心里也无比舒畅。

然而，在现实公司生活中，那样做则一定会在职场上失利。因为，公司生活还要继续下去。**被反驳得哑口无言，丢掉面子的对方会憎恨你。**他心里会想"总有一天，我要报这个仇"。而这终会成为你前进的绊脚石。

不树敌，是在上班时不变的法则之一。

"评论家"们的评论能力发挥得越是淋漓尽致，"敌人"就越多。所以，事实上，**"评论家"一词绝不是褒义词。**某词典上对它的解释是"第三人称，作为揶揄式表达方式使用"。现实生活中，他们会被别人在暗地里这样评论："那家伙，倒是有两把刷子，不过……""不过"后面，才是对"评论家"们真正的评价。

　　而且，即使对方输了这场争论，也绝不可能发自内心地接受你的意见。只不过在道理上输了，不得不表面上接受你的意见而已。人是感情动物，其实内心非常不情愿输。一旦形势发生变化，很有可能会揭竿而起。那么，这种做法，就谈不上有真正意义上的影响力。

　　这就是所谓的**"赢了争论，输在了上班时"**，同时也是职场中的现实问题。

尽量避免争论

话虽如此，但想要推进工作，大多数情况下，都少不了让对方认可自己的想法。

这种情况下，该怎么做呢？

答案就是避免争论。

争论是一场必然会产生胜负的游戏。并且，在胜负之中，必然会附带负面情绪。要避免这种情况发生，最好的办法就是避免争论。

但不是逃避争论，也不是刻意扼杀自己的想法去迎合对方。而是在避免容易引发与对方对立关系的争论的同时，想办法让对方接受自己的意见。不是说服对方，而是**促使对方发自内心地赞同自己的意见**。

某上市公司的社长，曾经经历过这样一件事。

当时，他还很年轻。

好像是所任职的公司被竞争对手举报，说他们的营销手段有违法的嫌疑，该公司受到了政府部门的通报批评。当然，该公司在做出了不违法的判断之后才开始开展活动。于是，高层把向政府部门申诉本公司正当性的任务委派给了他。

他精读了法律条文和经典案例，还咨询了专业律师，再三确认了没有违法性。可是，有个比较麻烦的问题。从法律的宗旨来看，有一则细小的条文解读起来有歧义，可能会做出"灰色"判断。

尽管律师的判断是"审判下来能赢"，但在与政府部门谈判时，还是需要十分小心，以免落得个"自寻烦恼"。所以，在做好了理论武装的万全准备，保证即使与相关部门负责人争论起来也稳赢的基础上，他又去拜访了政府部门。

利用对方的欲求，向自己想要的方向引导

他没有去和他们争论，而是采取了请教的姿态。

"哎呀，法律这玩意儿实在太难了！我根本看不懂这条法律，您能不能指导一下……"

就这样，**先从激发起负责人的自尊心着手**。值得庆幸，负责人阴郁的表情上浮现出了一抹喜色。然后，开始提问。

"这项法律的宗旨，可以这么理解吗？"

并且故意说错一点，负责人就开始打开话匣子了，"不对不对，不是这样……"，然后开始详细说明。接下来只需要……"噢！""这样啊""原来如此"，真诚地听他讲即可。虽然自己已经烂熟于心了，但是绝对要不露声色。**让对方保持优越感，心情愉悦地与自己交谈下去。**

并且，以"这么说来，这个条文可以这样理解吗？"等语句，**借机为准备已久的道理添砖加瓦，把负责人带到自己的目标里来。**这样迂回前进，最后对"灰色地带"的条文进行确认。"综合您刚才所讲，这个条文可以这样解释吧？"当然是对自己公司有利的解释。于是，负责人回答道："当然了，你看起来都明白了。"到此，问题基本得到解决。

对他而言，这项工作到此就结束了，但是负责人还不离开。之后，又陪着对方谈了一会儿法律讲义。这一招确实很讨喜。负责人对他一见如故，甚至在他后来遇到什么困难时，也一直倾情相授。

每个人都有炫耀自己学识和见解的欲望。**巧妙地利用这样的欲望，不仅能在谈判中占据有利局面，甚至还能获得对方的好感。**

他是这样说的。

"当然，要想说服对方，逻辑道理很重要。然而，一旦搞成理论斗争就糟糕了。斗争中，对方也会拼命要赢。当时，我如果用理论挑衅对方，那位负责人一定会在"灰色地带"把我驳倒，那样就危险了。所以，我一直尽量避免讲道理，而是用请教、装傻等方式，类似的方法还有很多。总之，让对方心情愉悦很关键。在此基础上，再做好充分准备，就能把对方引导到自己希望的方向。是不是有点腹黑？"

把对方结为同盟，让对方按照自己的想法行动，这才是最明智的做法。

以上是公司外部的谈判轶事。这位先生，无论在公司内部还是外部都一律采取这种姿态开展商谈。后来，他升任上市公司总经理，由此可以窥见他那维持着坚如磐石的经营体制的职商能力。

人们常说，真正厉害的剑术师，不用拔剑就能把对方打倒。

所谓理论，其实就是一把刀。把刀磨得锋利无比，在商务中固然极其重要，但是，拔刀就意味着树敌。所以，要尽量想出不用拔刀就能获胜的方法。这就是职商。

通过花里胡哨的理论**"把对方辩得哑口无言"，其实只能暴露出职商方面的不成熟。**

为什么话多的人容易输在上班时
——了解对方，才是赢在上班时的最佳方法

一心要赢的人，反而会输掉争论

应该尽量避开争论，这是提高职商的基本姿态。

然而，现实生活中，事情往往不尽如人意。对方主动挑衅的情况并不少见，某些情形之下你不得不表明态度。这种局面下，必然或多或少与对方之间产生对立关系。问题在于，应如何消除这种对立关系，打开对自己有利的局面。

这种情形下，首先应该注意一点，即不要争强好胜。当然，最终必须把争论引向对自己有利的方向。但是，**争强好胜做得太明显，只能激发起对方的反抗心理。**

最糟糕的行为，莫过于否定对方的发言。

举个例子，假如你是制造企业的一名销售主管。由于新产品销路比较好，你认为应该大幅增产以占领市场，于是向上司提交了策划案。但是，却被上司拒绝了。对方认为还为时尚早，应该再看看销售情况，慎重行事。

但是，你对类似商品的历史销售数据进行了仔细分析，得出的判断是，如果此时不大幅增产，会有因此丢掉一部分市场的风险。与批发商的销售负责人直接对接的下属们，也大都支持这个判断。为了公司的业绩，也没有理由草率撤退。

这时，很容易产生否定上司判断的想法。"现在不大幅增产的判断是错误的，因为……"，然后列举一系列数据作为大幅增产的根据。然而，即使这些根据具有很强的说服力，状况也无疑会恶化。准确地说，越有说服力，反而越有可能带来负面效果。因为会愈发伤害上司的自尊心。

在交涉过程中，最愚蠢的事莫过于伤害对方的自尊心。对方为了保护自己的自尊心，反而会愈发坚持自己说法的正确性。况且，这个对方还是上司。如果旁边有其他人，他必然会拼尽全力保护自己作为上司的面子。这样一来，争论会陷入胶着状态。**越是想着一定要赢，越容易陷入泥沼。**

因此，首先应该表态"我明白总监您的判断了"，先这样说以表示接受相反意见。这不是全盘接受，而是**在坚持自己立场的基础上，冷静地接受有相反意见这一事实。**这是将事态向有利方向推进的第一步。

左右争论结果的，不是道理，而是感情

总是有人立刻开始争辩，"可是……"，同样会产生负面效果。拼命想要在争论中抓住主导权，是最不高明的策略。

归根结底，话多的人都不擅长讨价还价。

为什么？因为**仅此就给了对方反驳你的材料**。

打个比方，你为了证明自己想法的正确性，一边展示各种数据一边解释说明。结果，**反而可能会遭到对方的吹毛求疵**，"这个数据太陈旧了，是以前案例很少的时候的东西了，你以它为参考做判断肯定会出错""这个数据和那个数据，岂不是互相矛盾？"或者会拿出"仅凭数据就做判断妥当吗？"等这种"正统理论"。不把这样的"球"打回去，形势会渐渐陷入不利。

那么，应该怎么做呢？

先让对方说。

担任倾听者的角色，尽量引导对方多说。

通过听对方说话，**可以削减对方的抵抗情绪**。人类能够通过倾诉获得满足感，无一例外。而且，会对愿意倾听自己的人产生好感。这是把争论向好的方向转变的契机。

决定着争论结果的，**不是道理，而是感情。**

尤其是发生了什么冲突，对方对你很气愤时，更是如此。当对方有误解或错误认识时，与其一针见血地指出来，不如先让对方把心中的不满一吐为快，反而效果更好。只需这样，对方的心情就能平静下来，敌意也会削弱很多。说不定，发泄完怒气后，对方还会产生抱歉的想法。**利用这种心理，必然能促进谈话顺利进行。**

此外还有衍生效果。看到这种一味坚持自我主张的人，周围人对他的印象会变差，同时，很有可能会对你产生同情。这样一来，你就更能在谈判中占据优势地位了。

让对方说话，由此掌握谈判的材料

让对方说话，还能借此机会搜集谈判的材料。

总监为什么反对大幅增产？是对新商品的"商品力"持怀疑态度吗？原因是什么？是因为自己拿出来作为大幅增产根据的数据不全吗？是不是觉得商品的总库存量太大了？从各个角度探寻对方的真实想法。

真实想法摸清后，也就能找到对策了。如果是对"商品力"的评价不高，向总监传达认可商品优势的人物的评价，或许会有效果；如果是数据不全，那就强化一下数据；如果是担心库存过多，还可以提出同时能把"呆滞库存"消化掉的方案。通过这样的方法，一定能找到比强硬地坚持自己的意见效果更好的解决途径。

另外，从总监的话音中，推测出他持反对观点的强度也很重要。

争论，并非是应该以"10 对 0"获胜的东西。即使搜集了能百分之百驳倒总监的材料，也要表现出一定的让步，追求以"7 对 3""6 对 4"获胜的做法比较明智。

当对方强烈反对时，追求"3 对 7"之下的决胜会比较安全。即使只有"3"，也是一种进步。**死守住绝不让步的底线比例也很重要**。总而言之，如果不能把握住对方观点的强弱，则会误判"底线的所在"。

不是非要当场争出胜负。首先，应将精力集中在搜集有利于谈判的必要信息上。然后，再采取行动。我个人的话，会当场示弱。

"我会根据您的指示重新检讨一下，谢谢您的指导。"传达出这样的意思，总监也会认识到你并非要放弃，态度也会软下来。至少，相对于当场反驳，对你的印象会好一点。

在此基础上，重新制作一份容易让总监接受的策划案。这里关键在于，**推测出"底线的所在"，清楚地知道"绝不能让步"的关键所在**。此外，还要考虑好可以作为谈判材料向上司让步的东西。

这样，在充分准备的基础上，"我按照您前天给的指示，重新检讨了一下"，重新提出策划方案，真诚地表达自己意见，这件事本身就能让上司为你贴上"勤奋"的标签。如果这样上司还是面露难色的话，只需考虑一下自己还能做出什么让步，与对方达成共识即可。上司认可你的可能性会大大提高。

越是拼命想赢的人，越容易输掉。

因为在你强烈表达自我主张时，对方会把心门锁上。

相对而言，采取"认输"的姿态，让对方畅所欲言的效果会更好。**了解对方，才是在争论中获胜的最佳方法。**

信息是赢在上班时的武器

——能更快获得重要信息的人会获胜

能更快获得重要信息的人获胜

信息是一种武器。

在国际政治中，智慧（情报活动）左右着一国之力。同样，在商务世界中，信息敏感度更高的公司和商务人员能够更顺利地开展业务。在上班时，也同样如此。

提起职场中的"信息""智慧"，大家脑海中可能会浮现出搜集不当经营的资料发给竞争对手，或者举报对立部门产品缺陷方面的不可告人的秘密等这种电视剧中常有的戏剧性情节。的确，这些隐秘信息，是职场中决定性的信息。

但是，作为一个小小的主管，其实很难得到这些信息，更何况这种信息连闻一闻都过于危险。这里要强调的，并不是那种只有极少数人掌握的隐秘信息，而是每个员工都能得到的开放式信息。

公司里面，每一天都流动着大量信息。

从向市场推出新产品的信息，到刊登在公司报上的公司新闻，以及部门内被抄送的业务邮件和会议记录等正式信息。此外，还有"听说员工大会上宣布要拓展新业务了""正在探讨公司各部门共同参与的项目"等这种非正式信息，以及日常交谈中得知的"听说××先生要离职了"等，种类繁多的信息，常在上空飞来飞去。

重点在于，**从这庞大的信息群中汲取"澄清后的清水"**，并加以灵活运用。能做到这一点的人，才能在公司占据有利地位，否则，则会被迫陷入不利境地。

信息能力与政治能力紧密相关。

比如，是否获得"听说股东会议上提到要开展新的业务"这种非正式信息，就会产生决定性的差异。大多数情况下，当担当部门等细节问题定下来之后，这种信息才会被正式发布。提前获得信息，看看"这个业务跟自己部门有关系吗""有没有间接影响""有希望成功开展吗""能不能把它争取到自己的部门"等，比其他主管先行一步，是否能提前探讨、准备、行动，决定着命运。

抑或通过互相交换信息，还能从中察觉公司动向。

比如，公布了负责 B2B 服务部门的人得到提拔的消息。仅从信息本身，可能会觉得仅仅是这个人比较优秀，本来就有被提拔的可能性。不过，如果把 B2B 和 B2C 部门在上层的对立这一信息考虑进来，结果如何呢？会不会这次的人事提拔，其实是 B2B 部门胜利的证据？如果是这样，就能推测出公司今后很有可能会更加重视 B2B 服务。如果这样，就要在确认真假的基础上，考虑一下可能会对自己部门带来的影响，提前做好相应的准备，就能适当地应对这一状况变化了。

辨别信息质量，只有一个办法。

那么，要想掌握信息能力，应该怎么做呢？

首先最重要的一点是，**不要把自己淹没在信息中**。每天都把流通的大量信息一一过滤会造成很大的浪费。比如，公司或部门的群发邮件和传阅资料。这些都全部仔细阅读就未免太愚蠢了。这些信息中绝大部分都是只需大致浏览即可。重要内容仔细阅读就够了。

这里需要重视的是，**能够辨别何为重要信息的嗅觉**。并且，要想锻炼嗅觉，需要有清晰的"问题意识"。"公司的发展方向是什么""公司整体有什么问题""对自己部门而言什么最重要"……有了这种清晰的"问题意识"，就能自然而然地养成辨别信息质量的嗅觉了。

　　"经营方针、经营计划相关信息""人事信息""业务拓展、扩大、缩小、撤退等方面信息""每个部门的营业额、利润方面的信息"等是绝对重要的信息，除此以外，还要时刻关注"问题意识"相关的信息。反之，除此之外的信息丢弃即可。

攻下掌握重要信息的关键人物

只是，这些正式信息总归是二手信息。

商务中，报纸等媒体上报道的二手信息，价值并不高。胜负的关键在于，如何在媒体报道之前获取这些信息。经过自己确认的，以及听别人说的一手信息才有较高的价值。

某上市公司的社长，曾说过这样一段话："当然，我每天都会看报纸和杂志。只不过，与其说是通过媒体得知信息，倒不如说是通过它们检验自己的信息灵敏度。如果已知新闻数量减少，就说明自己的信息灵敏度下降了。"

在上班时也同样如此。

很多信息都是公司内正式发布后才知道的话，说明自己的信息灵敏度较低。这时，要意识到自己被竞争对手甩在后面了。而且，需要优化自己获知一手信息的渠道。掌握高价值信息的都是关键人物，有必要建立起与关键人物沟通的渠道。

但是，建立起与关键人物沟通的渠道不是一朝一夕的事。原因在于，只有当你向对方提供了对对方有用的信息，作为回馈，对方才会给你高价值的信息。你两手空空地去讨要好的信息，关键人物绝不会理会你。这里，有一个悖论。**要想获得高价值信息，你必须首先向对方提供高价值信息才行。**

利用公司内部的信息差

其实，这一点并不难。

因为**公司内部存在信息壁垒**。

比如，有因物理性距离造成的信息壁垒。总部和分部之间有信息差自不必说，不同的楼层之间，都不清楚其他楼层在开展什么工作。

此外，部门之间的壁垒也相当深厚。研发部门和销售部之间有未被共享的信息，财务部对生产一线的详细情况一无所知的情况也不罕见。或者，不同的职位级别之间也有壁垒。站在运营立场的人和守在生产一线的人，掌握的信息也截然不同。

只需利用好这些信息差即可。

在某部门"稀松平常的信息"，很有可能到了另一部门就变成"高价值信息"。比如，你在跟信息系统部门的熟人闲聊时，得知领导层们下达了为工作日报引入即时输入体系的消息。把这一消息传达给销售部的关键人物，说"最好尽早注明信息体系的订购要求，以免以后有麻烦"，对他而言就是有价值的信息；向财务部传达的话，就说"要花费很大一笔研发费，如果能同时配备信息终端就更好了"。

就这样，**在某个部门稀松平常的信息，也能跨越壁垒，为信息牵线搭桥，就能创造出价值。**通过提供这种价值，你可以成为各个部门关键人物眼中的重要存在。并且，以后肯定会向你回馈高价值的信息。通过这样的往来，你可以建立起公司内部信赖关系的大网。总之，他们一定会向你提供一些重要的非正式信息。

与关键人物之间的关系网，决定你的职商

这里建立起来的与关键人物之间的关系网，能够决定你的职商。

需要注意的一点是，**关键人物并非一定是领导，与职位没有关系**。应该意识到，应从谁赢得了该部门决策者的信赖这一视角出发。

要想获得经营报告信息，与经营会议的参会者直接建立联系固然最好。但是，对主管而言，这很难做到。那么，在董事秘书那里下点功夫则不失为捷径。

或者，把目光放在各个部门经理的"左膀右臂"人物上。经常被部门经理征求意见，且意见在很大程度上左右着最终决策的人物。想必其中很多都是主管级别，对你来说也比较容易接触。

有一点不可忽略，即被称为"××局"的经验丰富的女职员。因为在有男女差异的日本企业中，她们不仅对权利游戏熟稔于心，还很有可能保持中立的立场，并维持着公司内部错综复杂的信息网。

与这些关键人物建立联系，要从平时开始下功夫，不断

把交流深入下去。如果工作中不直接打交道的话，不妨经常约对方吃个午饭、喝喝小酒、站着闲谈等，坚持创造信息交换的机会。

这些工作，终有一天会派上用场。

比如，当部门间有必要进行调整时，与该部门的关键人物结成同盟，他会帮你在决策者面前做工作。或者在处理下属制造出来的麻烦，需要其他部门共同协助时，他们一定会为你提供帮助。所以，从平时的一点一滴开始，向他们提供高价值的信息，建立起紧密的互助关系这一点非常重要。

巧妙利用公司内部的小道消息

——远离闲话，不乱传话

坚决不参与公司小道消息的传播，也是一种姿态

公司内部小道消息，即与工作无关的、关注私人事情的闲话，想必很多人都不喜欢。其中，或许还有人因为无心的闲话而受到过伤害。但是，人类的确是有热衷这类东西的一面。无论哪家公司，都或多或少会有一些小道消息。

麻烦的是，这其中，有一些不同程度掺杂了恶意的小道消息。其中，**也不乏有人出于诋毁别人的意图，而故意传播小道消息**。在处理公司内部小道消息时，需要对此有一定的心理准备。

坚决不参与公司小道消息的传播，也是一种姿态。

我年轻时就是如此。本来就对小道消息不感兴趣，一心

扑在工作上，还闹过这样一个笑话。

当时，我在职场上发现这样一件事。我的上司对特定的女职员非常严厉，我觉得很不公平。有一次，我对那位上司提了这件事。结果，他苦笑着答道"是吗？我今后注意"。我记得当时自己还颇为郁闷。

然而，突然有一天，那位上司把全体人员召集起来，然后，把那位女性叫到身边，宣布道："我和她结婚了！"全体人员纷纷鼓掌祝福。对两人关系一无所知的我，当场目瞪口呆。一问才知道，只有我一个人不知道这件事。后来被大家取笑了好长时间。

忌惮公司内小道消息的人，可能都会有类似出糗的经历。现在回想一下，倒是也没有因此造成实际损失。当然，也没有什么不愉快的经历，反而很惬意。所以，坚决远离公司内小道消息，也是一种姿态。

灵活运用公司内小道消息，深化对人际关系的洞察

考虑到人际关系，完全不关心公司内小道消息也并非上策。因为公司内小道消息，运用得当的话，也能派上用场。

首先，可以避免踩到公司内人际关系的"雷区"。

你所在的公司，一定也有爱好小道消息的"老油条"员工吧。这些人的小道消息格外有用。比如，这样的悄悄话：

"喂，你知道吗？A 总监和 B 总监年轻时曾经大吵过一架。自那以后，两个人水火不容。至今还暗地里斗来斗去呢……"

这样的话自然不能全信，但是心里要有数。于是，在 A 总监和 B 总监同席的局面下，**就能避免因不恰当的言行引起他们不满。**

或者，还有这样的用法。

比如，很多人在一起喝酒时，爱传小道消息的人开始说某一个人的闲话。这时，可以通过在场人们的反应，**窥探到他们对闲话主人公的看法。**

闲话是"那个人，前几天喝醉酒错过最后一班地铁了"。这不是什么大不了的事情。重点在于，周围人对这

个话题的反应。说完"真是无药可救啊！"场面因为这个话题活跃起来的话，可以说在场的人都对这个人印象不错。但是，偶尔会有"又干这种事啊！"等这种带有微妙恶意的反应。

当然，通常情况下，职场上的人际关系都会比较委婉，这种无意识的反应，作为参考信息格外有价值。把这样的人物信息记在心里，暂时不做任何判断。在这基础上，通过观察公司内的动向，**能够深化对职场人际关系的洞察**。

确保公司内小道消息的获取渠道

深化对人际关系的洞察，也是提高职商极其重要的一点。因此，**最好在某种程度上拥有能够获取公司内小道消息的环境。**

所以，**不要表现得太义正辞言。**用"这样的话一听就有厌恶感""我对这样的话题，完全不感兴趣"等回绝别人的话，以后就不会再有人跟你讲任何小道消息了。

没有必要对公司内小道消息太热衷。因为会拉低你的品格，只需不动声色地适当附和一下就够了。爱说小道消息的人控制不住自己，必须要找个人一吐为快，即使你不去找他，他也会不停地跟你说。

而且，**听到的小道消息，绝对不能再外传。**

小道消息原本就是没有确凿证据的传言。说没有根据的话本身，会影响你的信誉。此外，小道消息必然会对某个人造成伤害，支持这样的行为则有不经意间树敌的危险，不应该去冒这样的险。

需要注意与爱传小道消息的人保持距离。

与爱传小道消息的人之间，最好停留在表面的人际关系。

原因在于，为传播小道消息而洋洋得意的人物，会把从你这听到的话添油加醋地到处宣扬。因此遭到其他人的反感，岂不是太傻了？

况且，有的人喜欢通过传播小道消息，去贬低自己不喜欢的人。可以说，把小道消息作为赢在上班时的"武器"灵活运用。与这样的人，最好保持一定的距离。因为他们免不了不停地树敌，稍不注意的话有可能对你的立场带来负面影响。与爱说的人之间，关系止步于一定距离。

本来，公司内小道消息就不是什么上得了台面的事情。

绝对不能当真，而且介入太深的话不是好事。

闲话一听而过，适当应付一下，姑且保持获取小道消息的渠道，才是明智的做法。

Chapter 3

二

只有现实主义者才能制胜

3

抓住公司内部的力量平衡

——在上班时贯彻现实主义

驱动组织的是力量

驱动组织的是权力（力量）。

以权力为背景决定所有事物，以权力为背景强迫组织成员去执行任务。无所谓好与坏，这就是**组织的统治原则**。

况且，主管只是位于这个权力构造末端的职务。因组织规模而异，但是这一力量非常微小。可以说，就像是漂浮在大海上的一叶扁舟。无法反抗浪潮的流向，被风一吹就会翻掉。并且，顺风和逆风时，扬帆的方法也不同。如果没有过硬的航海本领，则不可能抵达目的地。

因此，需要先拿到"海洋地图"和"气象地图"。

换言之，**在把握公司整体组织构成的基础上，还要把握**

这种力量平衡。

首先，请把组织机构图展开。可以说，这就是"海洋地图"。不把它牢记在脑海中，一切都无从谈起。在此基础上，还要洞察到力量所在。即意味着在"海洋地图"上，增加"气象地图"。力量的指标，有以下三种：

1. 人事权

2. 预算（事业规模）

3. 人员数量

其中，形成力量主干的是"人事权"（对人事的影响力）。

因为掌管着组织成员的人员配置，拥有降职、卸任、解雇等强权的人事权，是管理者最大的武器。只不过在领导层中，谁在人事方面最有影响力，主管大多数情况下很难看清。

这里，重要的是预算和人员数量。预算和人员数量，与人事权紧密相关。对人事有影响力的部门可以增加人员数量，人员数量关系到人工费（预算）。所以，人事权和预算通常是组合分配。也就是说，**通过把握预算和人员数量这种表面数字，可以探寻到力量根源的人事权（对人事的影响力）所在。**

组织架构图上，会显示每个部门的预算和人员数量，以及该部门的经理。通过观察这些来推测力量平衡，是能看出一些端倪的。

通过人事和预算解读组织架构图

首先，以小组为单位来看。比如，销售部门有第一销售组到第三销售组。总监掌握着人事权，掌管三个部门的预算分配和人员分配。要想推测出这三个小组的力量平衡，首先，要看他们各自的人员数量和预算。因为在总监面前比较有影响力的主管，才能争取到更多的人员和预算。

以这样的要领，可以进一步窥见高层的力量平衡。

研发部门、销售部、制造部门、总务部门……在众多部门中，哪个部门的预算和人员数量最多？此外，这个部门的领导者是谁？

说不定会有支配着多个部门的人物。这种情况下，就要把所有部门的力量合并起来。**这样追溯组织架构图的话，也就能隐约看到管理层级别的力量平衡了。**

当然，这些都只是假说。

比如，总务部门的人数往往比较少，而人事部门和财务部门因为掌管着人和钱，在公司内有着隐性的影响力。此外，虽然目前预算和人数都比较少，因为引入了有希望的新视野，委派有力者出任部门经理的情况也有。相反，也有虽然担任着有力部门的部门主管，但实际上是真正有力者的傀儡，没有任何实权的情况也有（即使总经理，也有这种情况）。

因此，**通过平时对公司动向的观察来窥探实态，不断修正力量平衡的假说这一点很重要。**

找到力量所在的方法

最容易观察的莫过于人事变动。

新上任的董事来自哪个部门，部门领导是谁（老板是谁）？谁拿到了总经理大力支持的新业务？被调往子公司的是哪个部门的人？升为总监人数最多的是哪个部门？**从这些人事动向，可以推测到管理层之间的力量关系。**

此外，**推荐大家创造机会，参加一下管理层会议。**

我在担任经理时期，从不放弃任何一次代表总监在管理层会议上做报告或作为会议记录员参加管理层会议的机会。如果有的议题只有自己清楚，也会向总监提议"我在管理层会议上详细说明一下吧"。既是在高层面前"露脸"的机会，也是亲自接触高层之间力量平衡的难得机会。

有影响力发言权的人一开口，场面立刻紧张起来，所有人都全神贯注。相反，没有影响力的人开始讲话后，现场的气氛会松弛下来，有人开始看手机。还有对下属严格的管理者，在管理层会议上站在员工的立场发言等，可以获得平时难以获悉的重要信息。

最好也仔细观察公司内部活动。谁做了发言？谁坐在上座了？当管理层围坐在一起时，谁主导话题？通过这样的视点观察，可以实际感受到高层的力量平衡。

多听一听"万事通"的话也很有效。

"那位董事，现在看起来好像没有实权了，过去曾经辅佐过总经理，是一位功臣。所以，总经理不会无视他的意见。只要总经理还掌握着实权，他就有一定的发言权……"

"那位管理层，虽然顺利地扩大了自己的势力，但是，据说总经理开始对他有戒备了。不知道今后会怎么样……"

这些话自然也不能当真，但是记在心里持续观察下去，也许能成为掌握力量平衡实际状态的契机。

知晓公司的历史，才能了解力量平衡的秘密

翻阅公司的历史也很重要。

最好稍微浏览一下公司历史。因为目前的力量与平衡，必然背负着过去的历史。

以铁路事业创业的公司为例。现如今，铁路网已相当发达，铁路部门进行业务扩张绝非易事。所以，为了公司的发展，应该会开展以房地产为首的多种产业。并且，效益好的部门，无论人员还是预算都不断扩大。铁道部门则可能陷入赤字。但是，在这种历史背景下的公司，铁路事业的管理层力量则不可能轻易被削弱。

再比如，有合并历史的公司。

即使你是合并以后才进入这家公司担任主管，上层必然还残留着合并企业与被合并企业的力量关系。这种情况下，也必须在历史脉络的基础上探寻力量对比的实际状态。

尽可能往前追溯，拿到以前的组织架构图也是一个好办法。

按照时代顺序向前追溯，搞清楚哪个部门如何扩张了势力，或者怎么衰落下来。在有小团体对立的公司里面，

可以看出双方势力曾有过怎样的推移。如果能了解不同时期不同部门的领导是谁，就能更加准确地把握上层之间的力量平衡状况和力量推移。于是，**就能深入洞察到如今是怎样一个时期。**

抛弃一切"应该论"，将现实主义贯彻到底

抓住一切机会，努力提高力量平衡的解像能力，是赢在上班时的关键。

这一点切不可忘记，要舍弃一切"应该论"。

有的公司由于激烈的权力斗争无休无止，而损坏了组织的健全性。还有的公司总经理拥有绝对权力，一个人说了算，管理层无一不是总经理的"随从"。对于这种情况，"应该论"当然有无上的可能。

然而，**在职场中，"应该论"则很无力**。恕我重复，驱动组织的是力量。在毫无对策的情况下反抗力量只会被打击得落花流水。应该认真思考一下，如何做才能驱动力量。

所以，首先必须正确把握力量所在。

谁拥有力量？

力量的序列是什么样的？

这才是无论走到哪里，都要现实地追求的东西。

清楚自己在公司的位置

——把握支持者的地位

自己的"标签"是什么

把握公司内力量平衡的同时，还有一件事要做，即**"清楚自己的铭牌"**。

所谓"铭牌"，就是标签。简而言之，把自己当成一件货物，要清楚自己身上贴着什么样的标签。

作为主管，你身上应该贴有各种各样的"标签"。

学历、专业知识、资历、业绩、曾待过的部门、支持者……不妨把这些全部写下来看一看。需要注意的是，只写出你身上得到大家广泛认可的特征。至于它是不是你想要展现出来的重点，则完全无所谓。也就是说，**以周围的人们给你贴了什么样的标签为视点来思考**。

可以说，这是用来明确你在公司是"什么样存在"的一项工作。由此可以看清自己在公司所处的位置。

学历也是"标签"的一种。

在有学阀（同校毕业或相同学派的人结成亲密关系，以谋求共同利益的倾向或集团）的公司当然有很大意义；在没有学阀的公司，也建议你做个调查，**看各位管理层提拔的分别是什么学历的人。**

其中有人有倾向重用与自己来自同一所大学的人，也有人更注重学历。需要把握对于这样的人物而言，你的学历拥有什么样的价值。

此外，学历还可以帮助你打造公司内部人脉。人都有倾向亲近与自己有共同点的人。

我也曾经因学历受益。我从同志社大学毕业后进入瑞可利工作，当时东京本部几乎没有同样来自同志社大学的同事。在公司里面属于少数派，不过少数派也有少数派的好处。由于是少数派，仅有的几个同样来自同志社大学的人很有凝聚力。在公司内开展工作，曾屡次得到过这一人脉的帮助。

不仅限于学历。**故乡、爱好、运动等这些也能成为有效的"标签"**。比如，与管理层有相同爱好的话，会与他有很多共同话题。或许还有机会在休息日跟他一起参加活动。或者，通过在公司内部成立一个运动同好会，也可以拓展人脉。

　　当然，最重要的是，对这样的公司内部人际关系能够做到乐在其中。但是，职场人脉是职场的重要因素，**要做好用尽浑身解数去打造职场人脉的准备。**

有没有可以替代名片的业绩

业绩是一个重要的"标签"，这一点无须赘言。

业绩卓越的人和业绩平平的人，在发言权方面有差异也是理所当然，业绩突出的人才能提高在公司的知名度，业绩比什么都重要。如果是大公司，想让公司高层记住你的名字可绝非易事，但是告诉他你的业绩，他就能立刻认出来，"噢，取得那项成果的就是你呀"。**有可以替代名片的显著业绩的人，自然而然职场地位就提高了。**

资历和专业知识也很有力。

如果你能成为别人在某方面的依赖，大家都说"这方面的问题，问他就好了"，就会比较容易在上班时发挥影响力。尤其是，当你达到在公司外部都出名的水平，**作为不可替代的人才，会产生让组织越发重视你的力量。**所以，通过在行业期刊上发表论文、担任外部讲师等积累业绩，会格外有效。

你的位置，由支持者的地位决定

不过，业绩并不是能够在职场中一锤定音的因素。

更加重要的是"出身于哪个部门"。

日本公司，经常会有"他是财务阵营出身""她是销售阵营出身"等说法。把刚进入公司被分配进去接受职场培训的部门称为"阵营"。

"阵营"是一个经常被提到的词，事实上，不同的部门有不同的组织文化，得到锻炼的能力和技能也各不相同。**这个人会成为一个什么样的职场人，与在哪里接受培训有一定的关系，某种程度上拥有局限性的一面**。此外，人们往往对自己的"阵营"有感情。可能会把自己定位为"××阵营的人"。

因此，很多公司里面，员工们有站队、为别人贴上"他是××阵营"的标签的倾向。即使你对自己的出身部门并没有特别感情，也没关系。首先，你必须对别人把你看作"××阵营"有所认识。

此外，还要客观地认识到，在职场力量平衡中，你所处的"阵营"有着怎样的地位。因为，**地位高的"阵营"，在职场人际关系中位置会更有利，这是不争的事实**。

更重要的是支持者

所谓支持者，直截了当地说，就是把你推上主管位子的势力。你之所以当上主管，**必定是有人推荐把你提拔为主管**。也许，还会有人反对这一人事任命，或从中作梗。经过了这样的交锋，你才得以当上主管。

支持你的人是谁？

进一步，这个支持者在高层有什么样的人脉？

请务必准确把握这些情况。他们才是保证你在公司立场的势力，**是帮助你在职场中脱颖而出的关键人脉。**

另外，要冷静而透彻地推测他们在公司的地位。他们的地位高，你在公司将处于十分有利的位置。反之，如果支持者的地位不高，则有必要更加慎重地开展活动。

如此一来，在当上主管之前，验证自己的"标签"就显得格外重要。

没必要因为自己位置的好坏而患得患失。原本，正如你已经意识到的，**很多"标签"并非你个人意志能决定的。**

进入公司时被分配到了哪个部门？

后来调到了哪个部门？

在哪个上司的手下工作?

这些自己都无法选择,再患得患失也无济于事。

与其这样,还不如首先牢牢把握住自己所处的现实,这才是关键。清楚地知道自己在力量平衡的"海洋地图"上处于什么位置,是赢在上班时的第一步。

稳定与管理者的关系

——首先要争取民意

最差的处世之道是什么

如何赢得管理者的信赖？在职场中这也是最为重要的一点。

无论业务能力多么优秀，不被管理者信任的人，也不可能得到重用。**因为管理者通常会用自己可以信赖的人开展工作。**毫不掩饰地说，这就是现实。所以，私底下悄悄想办法铺设好与管理者的沟通渠道才是明智之举。

不过，需要注意的是，这里面会有很大的陷阱。一不小心，就变成了眼睛只朝上看的"比目鱼"了。

想必你所在的公司也会有这种情况。

贴近管理者、拼命保护自己立场的人，其中不乏借管理者的威风，对待年轻人特别苛刻的人。工作能力不怎么样、处世之道是依赖别人，实则为人非常怯懦。然而，这是最差的处世之道。

职场就是有荣枯盛衰。

所依赖的管理者总有一天会迎来退休，高龄董事说不定哪天就突然过世了。或者，这个管理者也有可能在斗争中落败、下台。当然，"比目鱼"也有可能直到退休都风光不减，但毕竟是极少数。**依赖某一个管理者，犹如打出了逊色的一拳。**

失去了管理者的后盾以后，他们中的大多数都会被迫陷入悲惨境地。

被新得势的管理者嫌弃自不必说，即使成功靠近了新管理者，在整个序列中也不得不处于低位。准确地说，**倒戈本身，就会使别人越发轻视他的存在。**

不仅与上层之间的关系，会让他处于尴尬的立场。更加深刻的是与年轻人之间的关系。在此之前**由于忌惮他的后盾，不得不做出顺从他的样子的年轻人，此时会开始反抗。**即使日常工作，也有可能产生难以进展的状况。结果，因为没有顺利协调好工作，上司对他的印象会变差。于是，就迎来了在上班时进一步被孤立的结局。到这个时候，再为自己曾经蔑视年轻人的行为后悔已为时晚矣。

相反，受年轻人拥戴的上司，即使因受到影响而不得志，也能让一线的工作照常进行。威望高了以后，会有人因"希望这个人有更好的作为"而为他做工作，把他往上抬。高层无疑也欣赏具有掌控能力的人才。别人与上司对立的话，很可能年轻人会与此人对立。

主管时期赢得年轻人的支持，是最后的机会

权力容易变迁。

原因在于，**上层往往围绕着仅有的几个位置你争我夺**，这是金字塔形组织的权力构成中无法避免的现象。所以，有必要在认识到权力不稳定的基础上，思考战略。

那么，如何才能取得稳定的立场呢？

在争取管理者的支持之前，要先取得年轻人的支持，也可以说先取得"民意"。它能为你夯实基础。

可以说，主管时期是与"民意"直接接触的最后时期。登上总监职位以后，与一般员工接触的机会会急剧下降。在这之后，只能以之前获得的"民意"为基础，去进行上层之间的博弈。因此，**主管时期应该有意识地、尽量多地征集"民意"**。

我才不屑于去做什么"比目鱼"的蠢事呢……

或许，有人会这样取笑。

但是，我认为，最好在这方面多下功夫。

因为人类具有讨好上层的习性。

证据就是，你有没有因为被上层批评而辗转难眠的经

历？因为上层掌握着人事方面的生杀大权，我认为这是很自然的反应。即使你被狂妄的年轻人气得怒发冲冠，应该也不会苦恼到夜不能寐的程度。

所以，意识上讨好上层是人类的自然反应，在对这一点有了充分自觉之后，应强烈意识到"首先把眼光看向下属，而不是上司"。否则，很可能无意中就成了"比目鱼"。

在铺设与管理者之间的沟通渠道之前，先去争取"民意"。

这是在赢在上班时的不变法则。

与地位不高的人结为同盟

——支持者多的人，不容易被打败

获得"民意"的最佳方法是什么

首先，把目光放在下属。需要注意的是，下属也有一定的顺序。

有的人能力优秀且有光明的未来，有的人则暗淡无光，只是悄无声息地干活。既有正式员工，也有合同工、临时工和兼职员工，立场各不相同。要想从他们身上获得最大限度的支持，首先应该以谁为目标呢？

答案是，先从地位不高的人入手。

当然，前提是公平对待每一个人。**先有意识地取得地位不高的人的支持，是"民意"争取中最有效的做法。**

本来，正式员工中，优秀的人会被周围的人捧得飘飘然，无论你多么重视，对方也不会多么感激。周围的人还会对你翻白眼，说"果然还是重视有能力的人"。

反之，平时地位很低，被所有人轻视的人，如果得到作为主管的你的亲切关怀，必然会受宠若惊，觉得"你人真好"。并且，当你拜托他办什么事时，一定会很高兴地提供帮助。而且，关注立场较弱的人，周围的人也会对你产生好感，觉得"那个人，对所有人都很尊重"。

不仅如此，要把他们拉入我方，能够成为不可思议的援军。

这是以前在某房地产公司做咨询师时的事。该公司为了进行人事改革，特意听取了员工们的意见，有一位主管获得了年轻人的大力支持。尤其是女员工对他的支持度很高。几乎所有的女性，都表达了对他的感谢。

"多亏了他，我才得以从临时工转为合同工。"

"正因为有他在，我才能一边带孩子一边坚持工作。"

甚至有一位女性提到，"如果有人说主管的坏话，我会告诉对方'不要在我面前说我们主管的坏话，他人非常好'。"

能够做到这个地步，实在厉害。

为了诬蔑他而说他的坏话，反而遭到女性员工们的厌恶，落得名声不好的下场。毋庸置疑，很多人都发现最好跟她们保持步调一致，这样比较有好处。**支持者多的人，不容易被打败。**

管理者也会提拔受下属拥戴的人

管理者也喜欢提拔受到很多人拥戴的人。

从某中坚企业的总经理那里听说过这样一件事。

这家公司，总监以上的人事由总经理说了算。在人事部提交上来的人事档案的基础上，总经理决定最终的升职者。当然，会从这之前的业绩以及董事们对候选人的评价等多种角度出发进行探讨。除此以外，提名几个升职候选人之后，还有一件事必做。

这位总经理平时有一个人在公司内走一走，跟员工们轻松地打个招呼的习惯，以便亲自确认一下一线的员工是否在打起精神工作。他会在与员工们的闲谈中，若无其事地提起升职候选人的名字。但并不是直接问"这个主管人怎么样"，而是在谈话的过程中，自然而然地穿插一个名字。

然后，观察对方的反应。

注视对方听到名字那一瞬间表情、声音的变化。有的人，仅仅听到他的名字就两眼放光；有的人，则微微皱眉。**这种无意识的反应不会撒谎。**

这项观察不仅限于正式员工，从临时工到兼职员工都

——观察，他说可以从中看出这位主管在下属的评价如何。并且，如果其他方面的评价都相同，那么从下属获得更多支持的人会被升为总监。

那位总经理这样说道："职场的好坏，与部门主管的好坏直接相关。即使工作能力再强，**不受下属的人拥戴的人，也做不成什么大事**。职场氛围一旦变差，以后将非常麻烦。"

地位较低的人，一旦拼起命来很恐怖

反之，**一旦地位较低的人变成敌人，会很可怕。**

曾经听朋友说过这样一件事。

在他的公司，有一位被大家公认为有实力的主管。他尽管工作能力的确很强，工作方式却相当强硬。对待临时工和兼职员工也非常粗暴，总是强迫他们做过多的工作。对方表现得稍不情愿，他立马做出一副分分钟就要开除对方的样子。

有一天，公司开始在招聘网站上招人了。这个网站上，设立了请在职经验者填写公司信息的栏目，以便让有意加入的人们参考。结果，有人在上面写了令人大跌眼镜的一条信息。

"××科的主管特别强势。一边威胁要开除你，还一边强迫临时工和兼职员工加班，并把所有功劳据为己有。这家公司竟然让这样的人当主管，请大家心里有数。"

公司内部沸腾了。上层立刻开始调查这位主管的工作方式。掌握了实际状况后，不久就把他降职了。

尽管这条信息是匿名的，传言说"好像是那位兼职员工干的"。但是，他继续坦然地上班，在接下来一次的合同续签前离职了。估计他本来就做好了离职的打算。兼职员工与正式员工不同，大多数情况下都是随时可以辞职，所以，没有什么顾虑。**地位较低的人一旦拼起命来非常恐怖。**步入网络社会，这种倾向会逐渐增强。

公司内部最弱的人，实际上，掌握着管理者的命运。

Chapter 4

$$\frac{\text{掌控下属}}{4}$$

与下属之间设一堵"看不见的墙"

——绝对不参与"经营批判"

主管与下属是一种"对立结构"

主管的工作很难。

首先，科长直属下属的数量很多。其次，这个集团富有多样性。既有经验丰富的老员工，也有初出茅庐的新人；既有优秀的，也有不那么优秀的；既有干劲满满的，也有爱偷懒的。并且，不仅有正式员工，还有合同工乃至兼职员工，**即必须与这个拥有多种个性、属性的集体对峙**。

总监的直属下属则只有几个主管。不仅所需面对的下属数量比主管少，况且主管都是具备一定能力的人，沟通也会相对比较容易。与主管相比，对下属的管理也更容易。从这个意义来讲，**可以说主管是公司内部最难做的管理职位**。

而且，还有一个问题比较麻烦。**即主管位于公司权力结构末端，同时又是由一般员工组成的一线的领导。**

对一般员工而言，主管是部门的代表，其中还有人把主管当作"员工们的代言人"。从制度上来讲，主管其实是管理阵营的一员，立场是带领一般员工贯彻公司的经营意志。简而言之，主管虽是部门的领导，但与作为劳动者的直属下属们的立脚点又不同。当上主管以后，就脱离了劳动队伍，是最易于理解的一个表现。

当然，经营理论与劳动理论未必一致。此外，经营追求的是"整体最佳"，而一线追求的则是"部分最佳"。两者经常处于紧张关系。**位于这一紧张关系中心的，就是主管这个职位。**

轻易地附和下属，绝对会恶化自己的立场

然而，我们动不动就会把主管的位置放在之前工作的延长线上。

尤其是在所在部门直接升任主管（提拔主管）的情况下，这种倾向更强。因为还是在同样的职场，与相同的同事继续原来的工作，还有不得不保持原来的语调和下属打交道的一面。

而且，从部门运营角度出发，与部门成员打成一片非常重要。如果下属们不认为"主管与自己是同一队列"，也就不会真心协助主管的工作。况且，因为当上了主管就突然转变态度，只会导致破坏整体性的后果。但是，**如果仍以一般员工时期的姿态继续与部门成员保持同调，不久就会被置于尴尬立场。**

比如，**经营批判**。

一般员工经常以经营批判的形式表达对工作的不满。"叫停这个方案，我们的管理层根本不了解实际情况""整天朝令夕改，经营中没有始终一贯的东西"等是最常见的经营批判。在经营批判的过程中，不会对任何一个员工造

成伤害，恰好可以排解压力。

当然，实际上，这些批判大都是由于对"经营现实"和"整体最佳"理解不足而产生，是一些不成熟的想法。但是，偶尔也会有很尖锐的批判。这种时候，**即使作为主管，也会不由自主地随声附和，也乃人之常情**。或许通过附和，可以得到员工们的共鸣也未可知。以前当一般员工时就一起进行经营批判的后辈，更是如此。

但是，这很危险。人们的嘴上没有装门，在职场人际关系中搞经营批判，必然会传到上司和管理层的耳朵，对这一点科长应该有所认知。万一传过去，**会被他们贴上"那家伙，什么都不懂"的标签，而且会失去高层的信任**。因为主管属于管理阵营，也理所当然。

不仅如此，还会因此损失与下属之间的信赖关系。因为主管的工作，就是让一线执行经营意志。即使本人再不情愿，主管也无法违抗管理层的命令。

这时，下属会因为主管曾经在经营批判上与自己保持同调，对主管产生强烈的不信任。"结果，那位主管只考虑保自己""那个人说的话不能信"……这是非常危险的状况。

轻易地与下属同调，等于自掘坟墓。

与下属之间，筑一堵"看不见的墙"

那么，应该怎么做呢？

与下属之间筑一堵"看不见的墙"。所谓"筑墙"，就是**绝不能破坏"自己是管理阵营的人"这一前提**。破坏这一前提，是导致你失去周围信任的最大因素。

但是，表现得过于露骨，将无法获得下属的同感。

比如听到下属发牢骚说："主管，这个方案被喊停，我们的管理层简直完全不看一线状况呀！"你如果回答"你不明白。你作为普通员工可能有所不知，从经营的观点来看，那个方案本身有各种各样的风险。"结果会怎么样呢？**你一定会遭到下属的嫌恶。**

而且，以后这个下属恐怕就再也不会对你说心里的牢骚和不满了。这对主管来说可是巨大损失。人只要有人愿意听自己发发牢骚，心情都会舒畅很多，会对倾听自己的人抱有好感。要想维持下属的动力，且获得他的支持，倾听下属的不满是一个有效手段。

而且，即使有个别例外，把握下属的不满，对监视整个部门的动向也不可或缺。当牢骚和不满增加，就说明科内有什么问题。从这个层面来看，**下属的不满也是主管的资源。**

心中常想现实对应 ，而不是批判

当下属开始批判经营，你首先要做的是接受，不用计较对错。正是**因为心中有不满，才会进行经营批判**。首先说："是啊！那个方案没有通过，我也觉得很遗憾。"对他的不满表示感同身受。

但是，**绝对不能触及经营批判的对与错**。附和下属的批判自不必说，还应该避免无意中对管理层的拥护。原因在于，拥护管理层，从下属的立场来看，一定是为了明哲保身。

这时，应该不动声色地展开建设性话题。比如"那么，你觉得应该怎么做？""我们能做点什么？"等，**采取与大家一起想对策的姿态**。

决不能岔开话题。即便这个经营批判很正确，管理层也不可能因为小小的主管说了什么而改变言行。倒不如把它作为前提条件，**想出可行的对策**。

比如，当下属批判道："我们的管理层根本不管一线的实际情况"，不妨这样接话，"怎么做才能让管理层认识到一线的状况呢？""哪位领导最关心一线？""有没有办法把那位领导带到一线呢？"等，也许员工们脑海中会浮现出好方案。至少，避免经营批判继续下去，又能获得下属的支持。

这就是我所理解的"看不见的墙"。**即使不明确表示"自己是管理阵营的人"，也能坚持这一前提。**并且，还能真诚地应对下属的不满，可谓一箭双雕。

高明地筑起一堵"看不见的墙"，可以避免让你成为无谓的牺牲品。

公平地"袒护"每一个下属

——让你成为有向心力的上司的绝对法则

有向心力的上司必做的一件事是什么

掌握下属的人心——如果做不到这一点，就无法得到作为主管的向心力。而且，没有向心力的主管，会被上层认为没有能力管理好部门，从而被轻视。

当然，这很大程度上取决于一个人与生俱来的性格。具有受人拥戴特质的人，很容易掌握人心。不过，这其中也有一定的技巧。**只要在与下属打交道时用对了方法，任何人都能提高向心力。**

有向心力的管理人员有一个共同点，即**了解下属。**

熟悉每一位下属的人事档案自不必说，从家庭结构、爱好到对工作的价值观、个人方面的问题，无一不了解得清清楚楚。反之，觉得私人的事情与工作无关，**丝毫不关心下属的私事的人中，从未有人成为有向心力的管理人员**。

我着实被某外资咨询公司的经理惊呆了。作为一个业绩突出部门的领导，他得到了内外一致好评，对每一个下属的情况都了如指掌。

"他可能最近跟太太吵架了，看起来好像睡眠不足。"

"他搞副业失败了，很缺钱。"

连这些一般不会对外人讲的事情，他都一清二楚。并且，他会根据每个下属的个别情况安排工作。比如，因睡眠不足缺乏干劲的下属，仔细检查他的工作进度，必要的情况下亲自跟踪，也有可能给他安排一点压力较小的任务。对于急需挣钱的下属，分配给他业务负担重，但成功后会有丰厚报酬的项目。这种结合下属的个人情况安排部门整体工作的做法，是他得以保持突出业绩的秘诀。

不仅如此，**下属对处处为自己考虑的上司内心充满感激**。这就是他为什么能产生向心力。

用轻松的氛围，打开下属的心扉

那么，要想了解下属，应该怎么做呢？

很简单，与下属谈话即可。**尽量保证半年一次，至少一年一次，找机会与所有下属面谈一次**；也可以利用人事评价面试的机会。

旁边有其他人的话，不可能说真心话，所以要确保谈话在不会有第三者进来的会议室等私密空间。而且，必须是一对一交谈。

时间尽可能充裕一点，至少保证每个人一个小时，理想状况是能保证两小时左右。时间多出来没关系，最怕的是时间不够。我曾经吃过这方面的亏。

当时下属人数较多。我想效率快速地进行面谈，计划是一天之内完成与所有人的面谈。大概每个人 30 分钟。沟通一旦赶时间，则无法顺利进行，很容易变得毫无头绪，下属们还没敞开心扉就结束了。结果搞得大家都"消化不良"，很有压力。不但如此，由于没有申明"秘密谈话的姿态"，搞得大家都产生了不信任感。

这种面谈的目的不是听取，而是让下属敞开心扉。所以，首先要保证有充裕的时间。然后，**在轻松的氛围下，展示倾听的姿态这一点很重要。**

当然，主管都很忙，时间比较珍贵。应该把智慧用在如何高效地开展业务上。但是，与下属的面谈是优先度最高的一项工作。确切地说，应该有为了确保面谈的时间，不惜牺牲其他工作的意识。

顺便说一下，有人为了听下属的真实想法，特意置备酒席的做法我不推荐。有的人本来就讨厌喝酒；有的下属有孩子，晚上要去幼儿园接孩子，很难抽出时间，勉强别人出来喝酒未免显得不讲道理。而且，只留一部分人在职场面谈，会产生不公平。

更何况喝起酒来，谈话会半途而废。喝醉之后，后半部分说了什么都不知道，也毫无意义。而且，借着酒劲说出来的真话，对方很有可能事后后悔。**酒桌上，不适合谈重要的事。**

要有真诚的关心和坦率的反应

面谈最大的秘诀是少说话。

将"听"贯彻到底，把握"八分听，两分讲"的程度比较恰当。

冷不防地开始谈工作，下属会做好防御准备，所以，首先从没有障碍的私人问题方面入手。然后，待话题展开以后，再开始谈工作会比较好。

需要注意的是，**不告诉对方准备问什么**。一旦告诉对方，他会把心封闭起来。时刻注意，要带着**对对方真诚的关心**，**做出坦率的反应**。

"你有几个孩子了？"

"大的 5 岁，小的 3 岁。"

"哦，那大的接下来该上小学了呀！"

"是啊。"

"好事呀！打算进当地公立学校吗？"

就这样自然而然地展开话题，员工也比较容易安心地敞开心扉。说不定，对方还会开诚布公地跟你分享一些私人情况。

"哎呀，我老婆说要让他去上私立小学……"

"那也不错呀！你儿子应该学习挺用功的，真厉害！"

"可是，学费贵呀……拜他所赐，我的零花钱都被削减了（笑）。"

可能会有下属向你坦白这样的情况。

"我不想升管理职。因为我妈妈生病，需要经常带她去看病。"

"我每周有两天要去英语培训学校学英语。大家都在加班，只有我一个人按时下班的滋味还蛮难受。但是，希望今后能转到海外部门……"

首先，要充分接受这些想法。并且，只要不是完全不可能的事，就表达出尽量支持的态度。但是，绝不能打保票。轻易地许诺却违背了诺言的话，会被人认为"只是嘴上说说而已"。

其中也会有无论如何都不愿意敞开心扉的下属，没必要为此焦虑。初始阶段，不妨把这当成正常情况。总之，**表现出倾听的态度很重要。**只要你做到了平时真诚相待，总有一天他会对你敞开心扉。

任何人内心都希望自己被袒护

不过，有一点必须遵守。

首先，**绝不能将面谈内容泄漏出去。**

个人方面的情况很容易变成传言。万一你泄漏了秘密，对方就再也不会对你敞开心扉了。相反，如果能守住面谈内容的秘密，下属会对你毫无戒备，什么事都愿意分享给你。开头部分提到的那位外企经理，就是因为在这方面很受信赖，才能掌握那么多私人信息。

其次，**一定要付诸行动。**

对于由于孩子教育费导致支出增加的下属，向他传授一些注意事项、方式方法等有助于他升职加薪。可能的情况下，把能够为升职评判加分的重要工作委派给他，并告诉他，你会为了让他成功升职做些适当工作。即使最后没有升职成功，他也会对你的行为表示感谢。

对于要带母亲看病的下属，可以把他调换到能按时下班的岗位，或者做一个短时出勤的方案。然后，在征得本人同意后，向上级汇报一下他的情况，想办法让他能够安心工作。对于希望转到海外部门的下属，或许可以介绍他认识该部门合适的人。

　　现实中，他们的希望很难百分之百实现。不过，那也无妨。行动上只要稍微能出点力，下属都会察觉得到。然后，就会对你产生信赖。

　　每个人都有自己各种各样的情况。

　　对这种个人情况稍加照顾，就相当于袒护了他。

　　但是，我倒觉得正因为如此才有效果。原因在于，每个人内心都希望自己被袒护。而且，**当你做到对所有下属都公平袒护时，你的向心力会实现最大化。**

让下属互相竞争，保持影响力

——在一线工作中超前迈一步，专注于主管事业

所有人都想骑上快马

上班时，结果就是一切——这是无须再次强调的事实。

无论为人多么诚实，**拿不出成果的人不可能拥有影响力**。

大家都一边说"那个人是很好……"，一边悄悄和他保持距离。

反之，即使有人平时喜欢批判你，只要你拿得出成果，对方必定一反常态。

好也罢，坏也罢，职场就是这样一个场所。

无论哪个人，都希望乘上快马。下属们也一样。

对于下属们而言，你是掌握人事评价的管理者。

所以，跟你打交道必须保证足够慎重。不过，他们也会

经常对你进行"估价"："这个人是'快马'吗?""追随这个人，靠谱吗?"

尤其是对于新上任的主管，他们一般会采取"让我来领教一下你的本领"的姿态，并保持一定距离。

这一点最好有所心理准备，刚开始不会有下属主动追随你。

希望早点有支持者，这么想也是人之常情。但是，绝对不能为了取得下属的支持，而去迎合他们。这么做的结果，会让下属们瞧不起你。

相比之下，最关键的还是拿出成果。

成果，才是你最大的支持。

为什么他拿出了成果，却失去了向心力

　　主管们需要注意这一点，即对主管而言的"成果"，与对一线员工而言的"成果"截然不同。然而，正如前面所讲，很多人把主管的工作误认为位于之前工作的延长线上。尤其是近年来，好多人不得不做领队兼运动员，使这种现象更加严重。于是，**很多人只顾追求一线工作的成果，而把主管的成果摆在次要位置。**

　　制造型企业的销售主管近藤先生（化名，35 岁），就是其中之一。

　　他作为一个优秀的销售人员，深得无数大客户的信赖，业绩一直居高不下。由于业绩突出，他以火箭般的速度升任了主管。但是，下属中有一个销售人员，暂且称为 A 先生，业绩几乎凌驾于他之上。

　　业绩就是影响力。

　　A 先生在这个部门，拥有与近藤主管相匹敌的影响力。为此感到有危机感的近藤先生，就任主管以后奋起直追，力争业绩超过 A 先生。一年后，他成功取得了凌驾于 A 先生之上的成绩，也达成了整个部门的目标。

但是，近藤先生变得憔悴不堪。

公司会议、事前疏通、检查下属工作……在这些工作中间见缝插针，整理提交给客户的方案资料，到处奔波去谈业务。然而，越是忙得不可开交，越是会突然接到上司呼叫或被告知下属出错等，每天疲于应付这种突发事件。这期间，近藤先生不得不停下日常工作，当突发事件终于解决掉，面前的工作已经堆积如山……

这样的状态下，想要事无巨细地对应每一个下属，无论如何也不可能。等到发现时，部门里已经蓄积了太多不满，气氛非常紧张。**近藤先生尽管拿出了成果，却反而失去了向心力。**

我见过太多这样的案例了。

除了近藤先生这种案例以外，还有认为"交给下属还不如自己做更快""大客户必须重视起来，必须自己亲自出马"，事实上，把一半以上的业务时间花在一线工作上的主管非常非常多。

结果是，自己埋头于一线工作中，主管原本该做的工作却被搁置起来，一路憔悴下去。晚上拼了命地工作到很晚，工作还是做不完。由于不知道外边发生了什么，有一大堆事要担心，满脑子都是"那个案子不知道进展顺不顺利""是不是出了什么麻烦"等。这种工作方式，只会导致身心俱疲，不可能长久下去。

最致命的是，与下属之间的沟通严重不足。与上司缺乏足够沟通的下属，会有孤立感。**这种孤立感进而转化为对上司的不信任，会导致职场从内部崩溃**。有的下属也可能通过与 A 先生这样的人物深入交流，来治愈自己的孤立感，这样只会导致 A 先生的影响力越发增强。

导致这种悲剧发生的原因，是对"什么是主管的工作"不够理解。在你成为主管的那一瞬间，就应该强烈意识到，你已经从之前的一线工作中毕业了，今后会踏入一个崭新的世界。并且，首先要专注于主管的工作。在这个基础上，再利用剩下的时间和精力环顾一下一线，这个顺序绝对不能忘。

主管应忠于主管的职则

那么，主管的工作是什么呢？

主要包括以下三点：

1. 把一线发生的情况正确地传达给管理层，同时让下属们将经营计划执行下去。

2. 看清市场和公司整体的动向，在此基础上明确部门的中长期方针和目标，与下属共享的同时管理业务进展。

3. 指导、培养、监督下属的同时，打造利于下属工作的环境。

通过以上这三项工作，取得团队的最大成果时，主管才算真正拿出了成果。这与在主管指示的业务范围内，反把达成分配目标为成果的一线员工，工作性质完全不同。

完成这项工作的关键是"**看**""**问**""**想**"。

仔细"看"市场、行业、公司内部、上司和下属的状况，有什么不懂的就"问"。此外，在明确了部门课题的基础上，"想"出对策。简而言之，就是从一线工作中退出来，站在一个可以俯瞰整体状况的位置。

因此，**绝不能一味埋头于一线工作。**

这样不仅会导致视野狭窄，还无法确保用于"看""问""想"的时间。确切地说，应尽量把一线工作的成果交给下属，专注于取得整个团队的成果。应该明确只要拿出了主管应有的成果，一线工作的成果达到最低标准即可。

主管应忠于主管的职则。

通过让下属互相竞争，提高影响力

如果我是近藤主管，一定会把自己手上的大客户交给进展不顺的下属。当然，为避免成长阶段的下属制造出麻烦，有必要经常跟进一下。刚开始可能会比较麻烦，但是等下属成长起来，近藤主管的业务负担就大幅减轻了。况且，下属会因为拿出成果而重获自信，工作态度一定会积极起来。

当能拿出成果的下属越来越多，A 先生的影响力应该会相对降低。近藤先生不应该与 A 先生竞争，而是通过培养其他下属，打造出让他们与 A 先生竞争的状况。**主管可以通过让自己从一线工作的竞争中退出，让下属互相竞争的方式，从而相对提高自己的影响力。**

通过放手一线工作，创造出时间上的富余是最为重要的事。把这些时间花在"看""问""想"上面，可以更加游刃有余地管理部门。

此外，还能分一部分精力用于职场竞争。

可以向管理层汇报自己部门的工作成果，也可以巧妙应对关联部门之间的调整。把职场人脉打造得强一点，处理下属的问题时也会更加顺利。通过与下属保持密切沟通，还可以打造出舒适的工作环境。如此这般专注于主管的工作，是拿出主管应有成果的最佳捷径。

主管是什么？

理解它的本质，是让自己成为"快马"的条件。

下属的升职，是能否制胜的试金石

——不能为下属铺路的人，被看作没有实力的人

下属的升职，是主管的重要课题之一

　　让下属升职，对于主管而言，是非常重要的一个课题。

　　近年来，年轻人中声称"没有出人头地的欲望"的人有很多，这话最好不要相信。其中或许有人真有这种想法，但也有工作相当卖力，因取得了一定成果而自负的下属，与周围相比，如果对人事方面不满意，必定会产生不满情绪。况且，很多人对自己的评价，明显高于他人对自己能力的评价。**即使从客观评价来看人事方面还算不错，本人也可能有不满情绪。**

　　而且，人事方面的不满必然会发泄到上司身上。**对于没有足够的能力让自己升职的上司，会产生不信任感。**结果，

你在团队中的影响力会因此丧失。因此，对于到了升职阶段的下属，必须最大限度地为他活动。

活动对象，是上司和人事部。

关于上司，需要注意一点，即**有必要搞清楚把握最终人事权的上司是哪一位**。如果是直属上司的总监掌握人事权，那么只要盯住总监一个人就行；如果是再上面的高级总监掌握人事权，就有必要从总监（作为推荐人也很重要）和高级总监两方面下功夫了。总之，把人事权作为最重要的目标。

另外，之前没跟人事部打过交道的人，可能会不知所措，不知道应该怎么去接近人事部。**人事部渴望的是一线的人事信息**。主管可以一有机会就跟对方交流一下身边人际关系方面的趣事，与人事部之间的联系也就自然而然地建立起来了。首先，与同龄的人事部员工建立起联系，通过这个人，再在上层面前混个脸熟。

要明白人事是年度大事

首先必须认识到的是下属所处的位置。

比如，当你的下属中有人有资格成为组长候选人，要环顾整个部门，摸清楚有几个竞争对手，同时估算一下最终能升职的人数。回顾过去几年间的组长人事，可以掌握大概数字。再进一步，装作不经意地问一下人事部的人，应该就能确认这个数字的妥当性了。

在此基础上，推测下属所处的位置。

假如，组长后补人数为 10，最终升职人数为 5，就要考虑一下这个下属位于第几名。如果这个下属有特别突出的业绩，大家都有目共睹，那么进入前 3 名应该没问题。如果这样，则可以断定没有必要太下功夫。

如果下属位于边界位置，那么问题就来了。就有必要为了位于第 5 名或第 6 名边界位置的下属，**好好想想在相关人员那边要做的工作了。**

重点在于，要尽早做这种判断。

快到升职的决定时刻才开始周旋的人，一定无法帮助位于边界位置的下属成功升职。**在收集升职申请阶段，人事**

管理者就开始根据候选人给自己的印象，进行某种程度上的顺序排列了。要想来个大翻盘，简直比登天还难。

理想状况是，尽可能提前一年就开始周旋。要想让边界位置的下属在人事管理者那里留下深刻印象，需要花费相当长的时间。把下属升职这件事当作一年中的重大事件对待，是比较恰当的做法。

将下属的存在刻在人事管理者心里

如何把下属推销出去，这才是见证一个人才能的时刻。尤其是大多数情况下，位于边界位置的下属在公司内的知名度都不高，**必须努力把他的存在刻在人事管理者的心里**。对于不认识的下属，人事管理者对他有好评的可能性为零。如果不好好刷一下存在感，则一切都无从谈起。

所以，**要增加接触次数**。

找一个什么理由，一起出席与人事管理者的会议也行。或者，有资料需要交给人事管理者时，派他过去也不失为好办法。

我经常用让下属代我参加会议的方法。

"我今天必须去拜访客户，没办法出席会议。请××代我出席会议，请多关照。"事先打个招呼，把下属送到重要会议上去。

这是一把双刃剑。

下属表现得当的话能得到好评，反之，如果答非所问则会因此给人造成"这家伙不可靠"的印象。这时，提前与下属进行缜密的角色扮演，告诉他"总监不喜欢讲话拖拉，发言时只说结论，简单明了地说""如果有人这样问你，你就这么回答"等注意事项。

会议结束后，向上司打探一下情况。

"今天没能出席会议，非常抱歉。我的下属，还可以吧？"

"啊，他还挺可靠的。"

"谢谢。工作交给他我很放心。"

作战成功！就像这样，有意识地增加下属与人事管理者接触的机会就行。

"下属推送"要若无其事地连续出招

更进一步，把这个下属推送出去。

这时应该意识到一点。宣传下属的优点和业绩理所当然，**最好同时把他与竞争对手之间的差别考虑进来**，效果会更好。升职人事，不是绝对评价，而是相对评价。A 或 B，得分最高的一方获胜，所以这是理所当然的战术。

比如，如果同样位于边界位置的竞争对手最近的业绩比较好，不妨从他数年来稳定的业绩入手进行宣传。再者，如果竞争对手在同事间人缘不好，可以强调自己的下属深受后辈信赖这一点。总之，在意识到竞争对手的同时，把下属的宣传要点明确起来。

赢得公关（Public Relation）活动的方法有且只有一个，即连续出招。**一次出击无法改变对方的印象，而是要若无其事地积累公共关系。**

在向人事管理者做业务报告时，悄悄告诉他"事实上，这个客户是 ×× 开发的""这个创意是 ×× 想出来的，他总是能想出一些出乎意料的创意"等，把下属的能力加印上去。

还有，闲聊或者吃饭时，都是绝佳的公关机会。

但是，这种场合下如果冷不防地说"我们的 ×× 可是非常优秀哦"等表现得太露骨的话，对方也听不进去。首先，从打听对方的功绩开始。当对方心情愉悦地对起话来，一定会反问"你这边怎么样？"这时，轻描淡写地公关即可。

"最近，那家务必难攻的 A 公司，终于开始用我们的货了，松了一口气。我们 ×× 真的是很有韧性，多亏他坚持不懈地交涉。"

"哦，是吗？那个 ×× 呀。"

"是的，这次我也对他刮目相看了，相当能干呀！"

到这个程度就足够了。**如果让人发现"你在拼命推销"，反而会有负面效果。**任何事一旦有了勉强的意味，必然会遭到对方拒绝。也许对方会很快把这件事抛到九霄云外，那也不要紧。重要的是积累。尽量多地创造机会进行公关。这样一来，总有一天会自然而然地刻在对方脑海里。对方不会认为这是"强加给自己的东西"，而是发自内心的评价。只有这样，才能留下深刻印象。

瞄准人事管理者的"左膀右臂"和支持者

不仅在人事管理者面前进行公关。

从没有利害关系的第三者那里听到的人事评价，比从与当事人有相同利害关系的人那里听到的效果要好得多，好上数倍、数十倍。**如果其他部门的合适人选，在人事管理者面前高度评价你的下属，效果会极其明显。**

所以，应在有相应地位的人面前，不胜其烦地多公关你的下属。当然，在他们面前为下属宣传，他们也不一定会向人事管理者传达。但是如果什么都不做，更不会有任何效果。坚持下去才是唯一的选择。

需要特别备注一点，即关注人事管理者的"左膀右臂"一样的人物，和人事管理者的支持者。从有影响力的人那里听到的评价，在很大程度上左右着人事管理者的判断。从这个意义上讲，平时就积极拓展职场人脉，在这样的局面下会奏效。

下属的升职，是主管能否制胜的试金石。

如果没能够让该升职的人升职，无论公司内部还是外部，都会认为你"在公司内没有能量"。当别人有这样的看法时，你的影响力会降低。所以，一定要在下属升职问题上全力以赴。

必要情况下，也可使用强硬手段

—— 无法正确行使权限的主管无法制胜

适当的时候也要拔"刀"

有一则寓言叫作《北风与太阳》。

对待下属时，像"太阳"一样温暖是明智的做法。无论工作能力怎么样，首先尊重每一个下属。在重视对方个性的同时，让他最大限度地发挥出应有的力量。相对于失败后的责怪，让他从失败中多学一些东西更重要。即使下属公开批评部门的运营方针，也要真诚相待。这样的姿态，在与下属建立起信赖关系方面很重要。

但是，现实中不可能事事如意。

比如，**会有"不满分子"**，常以乖僻的眼光看待公司，对工作完全不上心。只做最低限度的工作，对他再提更高要求的话，他虽然表面上不反抗，但是打定主意阳奉阴违。离主管远远的，背地里说主管的坏话，这样的下属很棘手。

当然，对于这样的下属，还是有必要用"太阳"战略对待。但是，如果这样还是不见他改善工作态度，主管就要采取适当的措施了。

"晓之以理，动之以情，背面恐怖"

这是曾经在金融机构的不良债务处理方面大显身手的律师中坊公平先生的名言。对于不听从指挥的下属，首先用道理说服。然后，对他不想听从指挥的心情表示一定的理解，"动之以情"。即使这样，还是不听从指挥的话，跟他确认一下"你是否明白了"。

当然，"恐怖"最好尽量不用。行使权力的话，必然会有遭到反感和憎恶的反作用。本来**下属就是一边看着上司背后若隐若现的"刀"，一边工作着**。当上司以轻松的语气要求加班，下属也会在意识到"刀"的存在的前提下，做出是否接受的判断。所以，平时最好注意把"刀"藏起来。

但是，一旦有事，就要把"刀"拔出来。**如果不在适当的时机把"真枪实弹"亮出来，表明自己握着的不是"竹剑"，而是"真剑"的话**，只会遭到下属的轻视。况且，一旦遭到下属的轻视，上司就无法继续开展工作了。

如果年长的下属是"不满分子"，该怎么办

当然，要想把"刀"拔出来，必须先慎重地摸清状况。

然后，在恰当的时机一气呵成。完成得笨拙与否代表了上司的力量。我遇到过的有管理能力的商务人士，都在职业生涯的某个阶段巧妙地从这样的局面中杀出了重围。

在中坚商社担任总务总监的黑川先生（化名，52岁），就是其中之一。

他一路顺风顺水，积累了丰厚的职场经验，曾传言他将是同期中第一个出任董事的人。我听到过他在任主管期间的一件轶事。

他以应届生身份被分配到总务科后，还曾经在财务科工作过一段时间。踏实的工作态度，使他深受好评，年纪轻轻就升职为总务主管。第一次登上管理岗位。为了与下属建立良好的关系，他慎重开展工作的同时，事无巨细地为下属考虑。得益于此，年轻员工们干劲也很足，明显感觉到自己得到了信任。

但是，有一个"烦恼之根"，即**年长的下属**的 A。

A 自进入公司以来，职业生涯基本都在总务科员的角色

中度过。也许是因为总是以乖僻的眼光看待公司的态度，升职很慢，当时还是主任。可以说是"总务科之主"，在职场拥有一定的影响力。

对于黑川先生而言，他是在自己刚进入公司时一起并肩工作过的前辈。黑川先生从未改变过向 A 表示敬意的姿态，也极力避免向他下达详细的指示或指导。在日常业务方面，也一直尊重 A 的判断。

然而，可能是"年轻的上司"的出现让 A 心里不爽，A 总是跟黑川先生保持距离。在会议等场合，也总是做一些拖后腿的发言。别人背地里说的坏话曾经传到自己耳朵里，黑川先生为此非常苦恼。

而且，A 在工作中设置阻碍的情况也多起来。对于来自其他部门的重要传达事项，A 总是不向黑川先生报告，擅自应对。由于 A 总是对下属发出独断的指令，导致经常出现混乱。实在是不能置之不理，黑川先生和 A 进行了一次面谈，说尽了"理"和"情"，拜托他遵守正确的业务流程。

让"不满分子"失去力量的办法

然后，一年后——这期间，黑川先生想办法改善与 A 之间的关系，但是 A 还是没有改变态度。

于是，黑川先生**想出了一个削减 A 影响力的方法**。

A 在总务科，一直担任一项稍微特殊的工作，即检查合同。公司内各部门签订合同时，A 都要检查一下是否符合公司标准。

由于这项业务专业性稍高，几乎完全是公司成立以来在这项业务中积累了丰富经验的 A 一个人说了算。并且，A 跟公司聘请的法律顾问建立起了亲密的关系，这项工作变成了没有任何一个第三者知道的"黑盒子"。

这增强了 A 的立场。

考虑到这一点，黑川先生决定调整任务分配。把其他员工负责的重要业务交给 A，同时，让年轻员工分担审核合同的业务。反正本来就有让年轻员工负责审核合同的打算。这样一来，**通过拿走"只有 A 才能做的工作"，来削减他的影响力**。黑川先生对上司解释说"从合规的角度来看，最好能定期调整一下业务划分"，让上司清楚这个情况。

当然，A 会抵抗。

但是，藏起原本的目的，对他进行说服，"希望 A 能担任其他更重要的工作""希望年轻人学习一下合同审核业务""希望 A 能把宝贵的经验传授给后辈"等。更进一步，向他说明已经征得了管理层的同意，用公司的命令来压制他，即所谓的"拔刀相向"。

这之后，黑川先生仍然以"太阳"战略为基础，亲切对待包括 A 在内的下属们。于是，赢得了很多下属的人心。幸运的是，A 的态度也逐渐软化起来了。

"A 也是一个聪明人，或许意识到自己的'立场'已经变弱，做出了最好改善和我之间的关系的判断。这种事情，也不可能问他本人，真实情况怎么样倒也不清楚……"

我认为，通过强制调整业务划分，恐怕 A 意识到黑川先生是手握"真剑"，感到害怕了。再不识时务地反抗，说不定还会有更厉害的招数。**这种恐惧，改变了他的言行**。实际上，黑川先生也从 A 的态度里意识到需要把他"调走"。

"值得庆幸的是，我和年轻下属之间的关系很好，可以说是切断了 A 的粮道。如果这样还是不听指挥的话，就只能把他调走了。所以，私下里悄悄打探，看能不能把他推销到其他部门。

一招制胜

　　黑川先生实际上采取了一招制胜的方法。

　　职场中，有一个重要的概念叫"依存关系"。

　　公司中，所有的成员都处于相互依存关系。

　　比如，下属得不到上司的批准就无法继续开展工作，即下属依存上司。反之，上司把繁杂事务和比较特殊的工作交给特定下属，则是上司依存那个下属。尤其是经验丰富的下属，有时候比上司更熟悉职务内容，上司的依存程度就会更高。而且，**需要依存的人越多，说明在力量关系中处于弱势地位。**

　　简而言之，在不限于下属的所有人际关系中，要想让对方听自己的，有必要降低自己对对方的依存程度。尤其是当与谁关系紧张时，如果降低自己对对方的依存程度，这是决定胜负的关键。

　　黑川先生就把这一点付诸实践了。

　　A 就是利用合同审核业务的特殊性，在公司内部建立起了对自己有利的依存关系。黑川先生行使主管的权力把它收回，结果，在没有起明显冲突的同时，成功地把A笼络了过来。

降低自己对下属的依存度，是极其有效的应对"不满分子"的手段。然而，如果这样还是不改变态度，就只好行使调走等更加强硬的权力了。这种毅然决然的态度一亮出来，"不满分子"改变态度的可能性也会增加。而且，还能借此牵制其他将这一切看在眼里的下属们。

　　只不过，行使权力时需要注意，平时尽量不把"刀"亮出来。**拔"刀"而出的那一瞬间要果断**，甚至让对方都感觉不到自己被"刀"砍了……

Chapter 5

$$\frac{攻下上司}{5}$$

把"讨厌的上司"变成自己的同盟

—— 与上司相处不好，会成为最大的障碍

贯彻专业精神，舍弃好恶

把直属上司变成自己的同盟，是职场中极为重要的一点。

直属上司，是在上班时拓展能力的唯一的正规渠道。

"希望统一新事业开发""希望把前景好的新项目引入自己的部门""希望增加人手""处理问题案件""与关联部门之间的利害调整"……

开始这些行动之前，通过直属上司做工作是职场白领们的原则。不把上司结为自己的同盟，则不可能顺利推进工作。况且，上司掌握着你的人事评价权，是离你最近的管理者。万一上司与你为敌，会成为你最大的障碍。

首先最重要的，就是**舍弃好恶**。

人讲究缘分。这是凌驾于道理之上的东西，你毫无办法改变。更何况，我们无法选择上司。可能会有无论如何都对上司喜欢不起来的情况。这时，一旦把厌恶的情绪传达给对方，上司会轻而易举地成为你的"敌人"。

所以，工作中，应该丢弃好恶的感情。这一点也不难，**把上司当作客户即可**。任何人，对于顾客都会超越好恶，规规矩矩地应对，这就是专业精神。对于上司，就以同样的态度相处即可。

换个说法，也可以说是角色扮演。公司，说到底就是工作的场所。总监扮演总监的角色，主管扮演主管的角色。本来，这里就没有必要交换喜好与厌恶的感情。即便上司很令人讨厌，对于这位总监，你只需扮演好主管的角色即可。可以说，**所谓贯彻专业精神，就是舍弃好恶**。

试图改变上司，是最坏的做法

话说回来，再怎么贯彻专业精神，与讨厌的人打交道也很痛苦。而且，再怎么控制这种心情，也终会被对方察觉。

比如，发现文件中的细微漏洞后，絮絮叨叨地说个不停的上司，令人很不愉快。而且，过于纠结细节，对本质内容却关注不够，越发会引起你的不满。这种心情传递到上司那里，会产生险恶的空气。

这时，**最坏的做法是指出上司的缺点。**

"抱歉，您是不是太关注细节了？我想要讨教的是总监对本质问题的看法……"等，无论你表达得多么委婉，还是会影响上司的心情。

理所当然，任何人都不喜欢被别人指出自己的缺点。更何况**职位越高，自尊心越强**。被下属指出缺点后还能保持平常心的人压根不存在，这一点要有充分的心理准备。

其中，有的上司会说"我有什么不好的地方，请直接告诉我"，这句话最好不要信以为真。他只是为了显示自己胸襟宽广，如果你真的指出来，可能表面上掩饰过去了，内心肯定还是会生气。这种批评意见越尖锐，越容易立刻形成对立关系。

本来，**试图改变别人的做法就是不对**。扪心自问，就不难理解。无论对方是父母，还是上司，被指出缺点或被命令"这样做"，都会产生反感，只会变得更加顽固。试图改变别人，只会受到别人的抵抗。把它用在上司身上，更不可能成功。

人不可能改变，这是职场中不可忘记的一个要点。

倒不如以上司有缺点为前提，考虑如何和他建立起良好的人际关系。

违心的话也无所谓，要学会夸奖上司

为此，要改变看待事物的方法。

每一个人，都既有优点，又有缺点。而且，这些往往是互为表里的关系。也就是说，**看待事物的方法不同，优点也会变成缺点，缺点也会变成优点**。所以，平时观察对方的品质时，要养成多发现对方闪光点的习惯。

前面提到的过于关注细节的上司，换个角度来看，可以说细致得连每一个细节都关注到。即使是细微的失误，失误毕竟是失误。可以感谢他帮助自己找到了失误，然后，向这位上司传达"谢谢您的指导"的好意，对方绝不会不高兴。

在本人不在场时夸奖他，效果更好

到其他部门去时，不妨说"我们总监，连细节都帮我检查，真是帮了我大忙了"等来夸奖上司。没必要一定是发自内心，**违心的话也无所谓，只要夸奖就行**。这样多说几次，你内心对上司的厌恶感也会变弱。

而且，你说的话一定会传到上司耳朵里。时间一长，上司的态度也会逐渐变化。他会用愉悦的表情跟你讲话，也会欣然接受工作方面的讨教。这样一来，你内心对对方的善意也会增加。这种心情会传递给对方，也就能形成更加亲密的关系。

从谎话中生出真诚，也是一个重要的处世之道。

心理学中有一个词语叫"沟通性"。你表达了善意，对方也会向你表达善意，指的就是这种互相让步、踏实相处的人际关系。**要建立起这种"沟通性"，你首先要以某种形式向对方表达善意。**

"被讨厌的上司"更容易利用

在此基础上，**充分利用上司**。

无论什么样的上司，都有一定的强项，应该最大限度地发挥它。

时不时听到有人发牢骚说"我们的上司实在差劲，完全派不上用场"，事实果真如此吗？我认为，**再怎么差劲的上司，身上都有可以利用的强项**。

我以前的公司，有一位评价极差的上司。

不遵守截止日期，文件中漏洞连篇，毫不负责地把工作一股脑扔给下属，简直旁若无人。下属们都说"没有一点优点"。

其实，这个人身上也有强项。

因为他在公司外部比较受欢迎，人缘不错。

这一点又成了不受下属待见的理由。完全不顾自己部门的情况，在公司外部总是和颜悦色，不管是否忙得过来，都把任务揽过来。不仅给员工增加了工作量，还因为"在外面当好人"招致员工的反感。很多下属都觉得"跟着这个人真倒霉"，看都不想看他一眼。

当然，这也是不可否认的一面。但是，即使不看他，也改变不了任何问题。所以，我决定要积极利用上司的强项。

　　请他把自己的人脉介绍给我自不必说，与难以攻克的客户面谈时，也大胆邀请他一起出席。有上司一起出面，对方的态度会明显变好，然后就可以趁对方心情好与他缩短距离。在他的帮助下，谈成了好几个销售订单。而且，近距离学习了与对方打成一片的诀窍，这种机会绝不能放过。

每个人都渴望激发自身能力的机会

建立起一定的沟通性，上司会很爽快地借你一臂之力。然后，将自己的感谢之情传达到位，可以进一步巩固与上司之间的沟通性。

越是被大家讨厌的上司，采用这种作战方针效果越好。

原因在于，相较于背对着自己的下属，主动请自己帮忙，而且不断出成果的下属，当然会更有好感。"令人讨厌的上司"这一负面因素，可以成为提高自己存在感的有力杠杆。是否拥有这种觉悟，决定了你在职场中是否能如鱼得水。

没有缺点的上司压根不存在——这是与上司打交道的大前提。

只要用对方法，无论什么样的上司都能成为自己的同盟。

赢得上司的绝对信赖

——在众多主管中出人头地的方法

知道上司"怕什么"

赢得上司的好感，是与上司建立起关系的第一步。

在此基础上，还要通过拉着上司一起取得成果，以赢得上司的信赖。因此，有这么几个注意事项，绝不能疏忽。反之，只要按照这些注意事项执行了，至少可以保证与上司之间不会产生决定性的倾轧。

要了解上司的需求。

上司是客户。换言之，是你工作的买方。所以，了解上司的需求，并努力满足这种需求，应该是你工作的出发点。

当然，作为主管的你，关于"这个部门应该是什么样的"，需要有自己的独到见解，这一点很重要。但是，满足上司的需求应该优先于实现自己的理想，否则，上司不可能信赖你。被贴上"独断专行"标签的你也有口难言。要先获得上司的信赖，才能开始实现自己的想法。赢得上司的信赖后，他才会作为你的支持者，适时推你一把。

所以，建议大家，**在当上主管的那一瞬间，就要弄清楚上司对自己的期望和自己的目标。**维系表面关系还远远不够，尽量深挖上司的需求很重要。

打个比方，你当上了销售部的主管，负责财务系统的接单和维修业务。总监应该已经告诉过你销售目标，以此为起点深入请教即可。"重点是放在新业务上还是维修业务上？""如果要把重点放在新业务上，应该重点关注哪些行业？""是应该重点关注扩大市场份额，还是提高利润率？"等，从多种多样的角度揣摩总监的真实意图。

并且，一定要问清楚原因。比如，当你被告知"应该把重点放在新业务上"，就要调查一下做出这个判断的背景。通过这些，看清楚"总监的目标是什么""总监害怕什么""高层对总监有什么期望""高层的意见如何"等问题。

也许是因为高层从竞争对手不断扩大市场份额的状况中感受到了强烈的危机感。所以，总监的目标是即使牺牲一些利润，也要增加新订单。清楚把握了这种需求的背景后，主管的工作就不容易出错了。

并且，通过这样的沟通，可以从更高的角度俯视自己应该承担的责任，也是重要的一点。人类容易被从自己立场上看到的东西困住手脚。主管很容易从部门情况的角度看待事物。也就是说，一不小心就追求起"部分最佳"。

但是，通常情况下，高层追求的是"整体最佳"，无论"部分最佳"的呼声有多高，也完全听不进去。反而会遭到反感，觉得"那家伙，什么都不懂"。**要想提高主管的发言权，必须在考虑到"何谓整体最佳"的基础上，再提出部门的想法**。所以，有必要通过与上司之间的深入交流，体会一下"总监的视线""董事的视线"等高层人士看待事物的方法。

绝对不能惊吓上司

工作方式与上司合拍很重要。尤其重要的是沟通方式。不同的上司，沟通方式千差万别。有的上司希望你事无巨细地汇报详情，也有的上司希望你定期做一个总结报告。还有喜欢口头汇报的上司，以及喜欢书面汇报的上司。喜欢书面汇报的上司中，有的希望你写出相当详细的数据，有的只要看到大致框架即可。

请把握住上司的这些喜好，然后尽量与上司保持一致步调。总监和主管之前的工作，大部分是沟通。如果这里出了问题，会导致致命的结果。

此外，需要注意**"不惊吓领导"**

上司最讨厌的是"隐形的下属"。上司肩负着对高层解释说明的责任。身为总监，必须能随时随地明确回答出部门里发生了什么。

不过，担负结果责任的也是上司。即使是自己不知情的情况下发生的状况，也不可能推脱说"我不知情"。"不知情"本身就成为问题。所以，越是有什么坏消息，越要第一时间向上司汇报，绝对不能惊吓到上司。

不藏着掖着的下属才令人放心

当然，绝不是说只在有坏消息时汇报就可以了。

重点在于，要让他认识到**这个下属做事从不藏着掖着**，对你放心。所以，要定期创造汇报、商谈的机会。

定期的说法比较笼统。喜欢详细汇报的上司，就每隔一周到两周，开个小会；喜欢总结式汇报的上司，就每隔一个月到两个月，开一个 30 分钟左右的会。

这里需要注意的是，要事先查清上司的行程安排，避开公司例会等繁忙时期。然后，**预约一个对方时间和精神都比较充裕的时间**。这样一来，大部分上司都会欣然接受你的预约。

任何事都讲究时机

有这样一件趣事。

一个周一上午，隔壁部门的经理来到总监的办公桌前，好像是汇报什么疑难问题。但是，每周一早晨，总监都要出席一个重要会议。不出预料，总监板起了脸，冷冷地说出一句话"给你一分钟时间，快说"。当这位经理语无伦次地讲完之后，不用猜，总监大发雷霆。

这位经理犯了两个错。首先，问题发生之前必然会有前兆。这个阶段把情况汇报给总监，总监也能有一定的心理准备。其次，他选择了最坏的报告时机。想必上周末这个问题就开始暴露出来了，即便是休息日，也应该向总监汇报一下。这样的情况多了以后，想要赢得上司的信赖就难上加难了。

偏离上司的"视野"

还有一个做法是定期开会。

注意尽量节省上司的时间。

首先把汇报事项和请示事项逐条写在一张纸上，两种最好分别压缩在三条以内。给上司看一下这个提纲，再做口头说明。大多数情况下，下属的报告对上司而言，都不是什么大问题，所以**报告应尽量简短**。

然后，就是请示。这里需要注意的一点，是**一定要准备好选项**。

"对应这个问题有 A 和 B 两个选项，我出于这样的理由更倾向于选 A。"

像这样，提供选项，并陈述自己的意见。既没有选项，也没有自己的见解，直接问上司"该怎么办"是最差的做法。把判断完全扔给别人，等于承认自己"工作上没做到位"。上司的心思要用在更难的问题上，应尽量避免让上司花时间思考。大多数情况下，只要能拿出恰当的依据，上司都会支持你的判断。

这样一来，获得上司的支持后，就可以对其他部门说"我们总监也说让按这个方向做"。一旦总监认可，就可以给其他部门施加一定的压力。

万一遭到其他部门的抵抗，还可以向总监求助，"您支持的这件事，现在遇到困难无法继续了。您能不能帮我一把？"此时总监**就不得不采取什么措施了**。通过请示上司，也能使工作进展顺利。

此外，还可以通过定期会议，一有机会就重新确认一下上司的需求。当上司发现你准确把握了自己的意图，对你的信赖自然会增加。

而且，**定期汇报请示，上司会渐渐看不见你**。因为他觉得"有什么事，他一定会向我汇报""交给他很放心"。

相应地，总监会针对其他主管。如果有不定期进行汇报的主管，他会觉得"这人在掩饰什么"。无论多么优秀的主管，被上司细细盘问下来，总会有一两个破绽。于是，不得不停下手上的工作。总之，在上司眼里，他就不是尽职尽责的主管。于是，你就能从其他主管中脱颖而出了。

在高层面前谋取名誉

——获得高层的支持，是在上班时占据优势的良方

把"越级的上司"变成自己的支持者

掌握下属的情况，建立与上司的信赖关系，是主管职商技能的根本。

把这个根本巩固好，进一步开拓通往高层的渠道。

首先要靠近的是"越级的上司"。把直属上司上面的上司，变成自己的支持者。在铺设通往上层的渠道时，最容易靠近的是比你高两级的上司，不但如此，**在牵制直属上司层面上，也有很大意义**。

比如，即使总监反对自己的策划案，只要越级上司赞成，就可以实施。而且，万一你得罪了上司，导致人事评价或人事变动等意外事态发生，越级上司还拥有推翻这一人事

评价和人事变动的力量。

更何况大多数情况下，**越级上司在职场比直属上司拥有更丰富的人脉，能力也更强**，运用他的力量，可以使你的工作进展更加顺利。没有理由不去争取。

不需要特意做任何事情。

本来对他而言，你是直系下属。基本上愿意为你提供帮助。并且，**由于他站在经营立场，希望直接倾听一线的声音**。所以，不需要特意准备，只要坦诚地建立起关系就行。

首先，保持礼貌的问候。问候时加上一句"您前天的演讲，太感人了""您昨天会议上支持了我的策划案，非常感谢"等打动对方内心的话。

通过这样的交流给对方留下好印象，当你向他请示工作时，对方必然会爽快地回应。

这里有一点需要注意。**与高层的沟通，一定要简洁**。因为对方非常忙，不能占用对方的时间。**他们非常讨厌说话拖拖拉拉、不得要领的下属**。偶尔一次可能会原谅你，同样的情况出现两次以上，他可能不再接受你的预约，最好有精神准备。事先做好充分准备，尽量让自己讲的话简洁易懂。此外，请示事项的经过报告和礼节不能忘。通过这些恰到好处的对应，他一定会成为你强有力的支持者。

但是，与越级上司请示的内容，要随时传达到直属上司耳朵里，这一点不要忘记。如果发现你越过自己直接跟上司请示，任何一个上司都会不高兴。所以，适当换个说法，以"在走廊里刚好碰到，顺便请示了一下，总监这样说……"等方式传达即可。与直属上司也定期好好沟通一下，就不会有太大问题。

争取高层的好感

把比自己高两级的上司攻克下来以后，就要进一步向更高层面走了。

主管宣传自己部门和下属，也是一项很重要的工作。因此，首先必须在高层面前露脸。公司规模越大，高层越不可能熟悉每一个主管。毫不夸张地说，**存在没有得到认同的主管，对于高层而言，就相当于不存在**。这样肯定就无法宣传自己的部门了。

另外，**高层在选定公司内跨部门项目的成员时，是否点到你的名字，对你的职业生涯有很大意义**。这种场合下，不可能点到自己不认识的人的名字。另外，这种场合下没有被点到名字的人，在业绩变差时，很有可能被列入裁员名单，这一点必须有清醒的认识。

当然，露脸的最好方法就是不断拿出成绩，所以理所当然要专注于工作。与此同时，了解在高层面前露脸的好方法，对于能否赢在上班时也非常重要。

给高层留下深刻印象的沟通方式

应该意识到，为了在高层面前露脸，首先要**制造"偶然中的必然"**。

所谓"偶然中的必然"，指的是似乎与高层之间的接触是出于"偶然"。本来，主管直接预约与高层的见面几乎不被允许。可能有机会共同出席会议，但是个人交流的机会几乎没有。

这里，就有必要开动脑筋了。

比如，掌握高层的上班时间，跟他乘坐同一班次电车上班。可以在出站时视为偶然遇见，然后打个招呼。如果知道他经常去哪里吃午饭，也可以偶尔去那里吃个午饭。如果对方抽烟，也可以在抽烟处等待一起抽烟的机会。**假装偶然，自己去创造必然的接触机会。**

重要的是，这时进行什么样的交流。

愉快地问候一下，一句能够引起对方共鸣的话，做一个简短的交谈，与接触越级上司时一样。

问题在于说什么。与越级上司，可以谈你面对的具体问题。但是，高层对一线的详细工作不了解，所以不能谈你的工作。那么，说什么好呢?

假如你是一个在零售企业工作的市场部门的主管，成功地与出勤的总经理乘坐了同一班电梯。简单问候，交谈个三言两语后，被总经理问道"最近怎么样"。你会如何回答?

"挺好，在您的领导下大家都很卖力，这个月也完成了目标。"

答案是不可取。原因在于，完成目标的主管有很多。**传达这种无法与人拉开距离的信息，不会给对方带来冲击。**对方只能回答说"不错，好好干"。

这么说怎么样呢?

"我看了昨天的日经新闻，竞争对手的店铺数量已经逼近我们了，我在开展工作时也很有危机感。"

还是不可取。媒体信息总经理肯定比你先知道。**传达给对方而言没有价值的信息，也毫无意义。**

这么说怎么样?

"我感觉到了市场的变化。现有店铺的销售额在下降，相对于开设新店，我觉得今后应该把精力放在配送事业等符合高龄化的新型服务上。"

这也不可取。对总经理来说，**即使你恰好蒙对了经营战**

略，对方也不会听取。反而会不开心，觉得你没搞清楚主管的立场。

如果是我，会这样回答："最近我有一个新发现。分析销售额上升的现有店铺顾客数据，发现高龄人士比例到处都在增加。我想这传达了某种信号。"

高层需要的，是这种唯有在一线才能获得的信息。再加上这家公司存在现有店铺营业状况低迷的问题，这是一个能引起高层兴趣的话题。说不定，对方会对你说，"啊，能不能抽个时间跟我详细讲讲？"

重点有两个。

首先，**是只有一线才能获得的信息**。其次，**这个信息能为经营判断提供参考**。这就要求你必须从平时养成从经营者角度看待问题的习惯。如果可以，在推测每个高层各自所处的状况的基础上，向这个人提供这样的信息，向那个人提供那样的信息，分别储备一些信息才是万全之策。然后，分别创造"偶然中的必然"去接近他们，高层必然会知道你的存在。

在职场打造出横向关系网，可以与高层建立联系

还有一个有效战术，即在**职场打造一张横向关系网**。

大多数经营者，都因为公司横向关系薄弱的问题而苦恼。所以，**拥有公司内横向关系网的员工格外令人瞩目，被视若珍宝**。对于有计划扩大自己势力的高层而言，在公司内拥有关系网的员工很有魅力。因为他们觉得，只要让那个员工成为自己的支持者，他的整个关系网都会成为自己的支持者。

话说回来，怎样才能打造一张横向关系网呢？

效果最好的莫过于学习会。

把公司各部门的员工召集起来，举办定期的学习会。主题只要是与工作相关，什么都行。重点在于，你要当组织者。这多少会耗费一些精力，但收获也会很大。因为可以增加各位成员与自己的接触，可以起到深化人际关系的作用。

而且，**高层关注的是学习会的组织者。**

我在瑞可利时期，也曾把同期入职的约 800 人中的 30 人召集起来，举办过自主性质的学习会。纯粹是出于跟与自己志趣相投的伙伴们一起做点什么的想法，没想到还有

意料之外的收获。

有一天，董事打了我的办公电话。他说"听说你在同期中举办了学习会，下次能不能让我也参加一下，听一听大家的声音？"我在征得了成员们的同意之后，设定了一个可以坦率地跟董事交换意见的场所。之后，进一步在酒会上跟他熟络起来。自那以后，**董事多次对我提出了中肯的建议，以及各种各样的支持**，非常幸运。

此外，还有可能通过学习会打开与高层沟通的渠道。

比如，可以请工作年限最长的董事，给大家讲一讲公司的历史。或者，请在某个领域拥有渊博的专业知识的董事，给大家做场演讲。

高层人士必然拥有某种强项。提供利用这些强项的机会，没有人会觉得不好。

公司内横向关系网打造好以后，竖向人脉也会自然而然地与之连接起来。

不过，有一点需要注意：**与高层之间的个人关系决不能泄露出去。**

如果有同事很得意地说，"最近我跟董事一起喝酒了，还聊了很多。"你听后会怎么想？应该会不愉快吧？对于这种炫耀与高层之间关系的姿态，别人可能会产生反感，而且也会给董事带来困扰。因为**会被大家认为偏袒特定员工，会导致大家对董事的信任下降**。如果知道对方公开宣扬与自己之间的关系，董事无疑会对这位员工敬而远之。

Chapter 6

=

主管专用小团体学

6

不要全盘否定小团体

——把脱离小团体当作正义的想法很危险

日益增加的"中立白领"

"小团体"一词本身自带负面印象。

其中，有人把"小团体"理解为"恶权"。诚然，当小团体活动逐步激化，各小团体围绕着总经理的位子展开如火如荼的斗争，暗地里开展威胁现有事业、阻碍新开发事业的地下工作等，会导致损害组织整体利益的事态发生。仅从这一方面来看，认为"小团体百害而无一利"也未尝不可。

出于这一原因，近年来，以年轻人为主，**有意成为与小团体保持距离的中立派、不加入任何小团体的"孤高的存在"的白领越来越多**。不想受困于小团体斗争的人际关系，为此感到厌烦，也是其中一个原因。联想到在经济高度成长期"加入小团体理所当然",有种恍如隔世的感觉。

有一个人为这一变化做出了巨大贡献,即1983年开始连载的青年漫画的主人公岛耕作。当时,身为主管的他,收到初芝电器产业董事的劝导"想要出人头地的话,就来加入××总监的小团体",他明确宣言"我坚决不加入任何小团体,拒绝加入"。之后,他在小团体斗争之间饱受折磨,即使被毫无理由地调来调去也不屈服,坚持以中立派战斗到底。不过,在2008年,他又开始连载《总经理·岛耕作》,终于登上了总经理的位子。

小团体的产生是自然现象

我认为，人的生活方式最好能够多样化。

所以，保持中立派也好，志在成为"孤高的存在"也好。我也很喜欢岛耕作的生活方式。

但是，**如果把"脱离小团体"当作正义，会不会有点危险？**因为正如人们常说"三人一起必有小团体"，在作为集体的公司里面，有小团体产生是再自然不过的事。

在金字塔形组织中，越往上走职位越少，职位之争是制度上不可避免的现象。并且，当某个职位下有两个候选人时，支持双方的人们自成小团体也顺理成章。因为通过把重用自己的人向上推，为自身谋取利益，是人类的本能。甚至可以说，在任何一家公司，部门与部门之间的关系都很紧张。

开发部希望销售部坚持销售不好卖的产品。但是，作为销售部，肯定是卖畅销产品更出业绩。销售部希望用招待费用疏通顾客关系，而财务部追求的是节省预算。站在不同的立场，意见千差万别。另外，拥有共同意见的人们加深同盟意识，形成小团体，也是极其自然的事。

本来，**人是群居生物**，希望与有亲近感的人加深联系，希望增加同盟，以确保自己在集团内的位置，希望钻进强者的庇护之下，以确保自身的安全。小团体就是植根于这样的人类本能而产生。可以说，小团体乃自然现象。

也就是说，"脱离小团体就是正义"的想法，就等于否定了自然。这很危险。违背自然的话，任何事都不可能顺利进行。

为什么，优秀的白领在职场会被孤立？

担任某制造商的经营企划组长的千叶先生（化名，56岁），曾经跟我讲过这样一件事，是对下属 A（42 岁，主任）的不满。

A 头脑很聪明。热爱学习且在经营战略方面有很渊博的知识，还拥有在商务培训学校建立起来的大量外部人脉。有时还会收到外部邀请去开学习会。

但是，这个人几乎每做一件事，都会在公司内部引起一场不小的麻烦。现在在公司已经完全被孤立了。

"各个部门各有各的考虑，还要考虑到与其他部门之间的力量关系。即所谓有小团体规则，稍微违反组织规则，就会遭到各种各样的反击。将这方面的情况考虑进来，与各部门顺利磨合也是我们的重要工作。但是，他在这方面总是不开窍。所有事都照搬理论、死抠计划，太教条了，真是愁死我了。"

A 在和其他部门的会议上，遭到反驳后经常这样说。

"那是你们部门的事。部分最佳积累再多，也产生不了整体最佳。经营教科书上就是这样写的。"

"你又这样说。你难道不清楚 B 公司的改革吗？这样下去，会被人家甩在后面！"

当然，对他的反击只会越发增强。对方会说"什么玩意嘛，那个家伙""B 公司那么好，还不赶紧跳槽过去"，提醒他"发言时请照顾一下每个部门的情绪"，他反而反驳我说"这种小团体思维，只会害了公司"。

"每次擦屁股的都是我这个组长，简直烦透了。邀请他一起去喝酒，也从没来过。在公司外面评价再好，也派不上用场。后辈都升上主管了，他难道还不明白吗？说实话，我是想把他调走，可是没有部门愿意接收……"

A 就是那种"孤高存在"的类型。恐怕，他就是把脱离小团体当成了正义。但是，在这种反对小团体、否定小团体的工作方式下，他所学的战略知识也不可能得到发挥。

认可小团体的存在，并加以利用

"拉帮结派是人类的本性"，这是松下幸之助的原话。以下引用自他的著作《指导者的条件》（PHP 商务新书），稍微有点长。

"确实，在人类聚集之处，尽管大小有别，必然会有集团、党派存在。这些东西都是自然形成的。

但是，这些集团、党派很多情况下会影响公司的整体运营。尤其是如今被称为小团体的东西，倾向更强。所以，消除小团体的呼声很高。但现实情况是，尽管有人做过很多努力，却没有什么效果。因为归根结底，拉帮结派是人类的本能，消除小团体完全不可能。总之，不要试图去消灭小团体，而是在认可它的存在的基础上，充分利用、善用它。"

"在认可它的存在的基础上，充分利用、善用它"

　　松下先生从经营者的角度，写下了这句话。他认为，不去消除公司内产生的小团体，发挥领导力，以它的存在为前提求"和"，才是指导者的条件。

　　当然，作为普通员工，不可能发挥那样的领导力。但是，**认可小团体的存在，是公司每一位员工的大前提**，这一点不会变。

　　无论你是想成为中立派，还是想成为"孤高的存在"，首先都要认可小团体的存在。更准确地说，如果不在认可小团体存在的基础上，想好如何与它对峙再采取行动，则**任何"生活方式"都不可能成立**，对此要有足够的认识。

　　小团体本身也有很大的好处。

　　通过加入小团体，可以更容易建立起与高层之间的沟通渠道，还可以获得跨部门人脉。通过了解高层和其他部门的实际情况，可以深入了解公司整体状况。遇到什么麻烦时，当各个岗位上都有可以请教的人，会非常有利于开展工作。

　　此外，当小团体处于健全的紧张关系，通过小团体间的不断争论，也许还能找到解决更高层次问题的方法。在小团体间的互相牵制下，还有保证组织整体不至于走向极端，更容易实现平稳经营的一面。

当然，当小团体之间形成互相拖后腿这种非建设性对立关系，会引发大问题。不过，也不能因此把小团体存在本身当作"恶"来看待。

问题不在于小团体本身，而是小团体的存在方式。

在独裁型总经理麾下的职商战略
——随时注意暗藏的小团体动向

小团体状况可以归为四大类

小团体自然产生。不能否定小团体的存在，而要以它的存在为前提而行动。

首先，要把握公司内的小团体处于什么状况。虽统称为小团体，公司内的小团体状况还可以分为好几类。将它大致分为以下四类，会有助于整理。

1. **无小团体**状态。

2. 小团体之间处于**健康的紧张关系**状态。

3. 小团体之间处于**排他关系**状态。

4. 小团体之间处于**对立关系**状态。

任何一家公司都可以大致归入这四种类型。当上主管以后，冷静观察自己公司处于什么样的状况即可。在此基础之上，再想清楚选择以什么样的方式与小团体打交道。

这里首先围绕"无小团体状态"加以说明。

也许大家会说，"无小团体状态"与我前面的说法矛盾了。不过，**在独自创业的总经理维持着绝对独裁体制的情况下，小团体会被压制**。利用绝对权力，把自然产生的小团体压制下来。连松下幸之助先生都说"小团体消灭不了"，所以这种状态在大公司几乎没有，中小规模公司中可能少量存在。

违背总经理价值观的言行会被制裁，纠集党羽之类的行为一旦被发现，很可能会被扫地出门。所以，上至董事，下至一线员工，都要边看老板的脸色，边肃静地做分配下来的工作。想要统率同事发挥领导力，还有越是干劲十足的人越得不到重用，可能是出于这一原因，**很多职场表面看起来没有争斗、非常平稳**。往坏了说，职场上感觉不到活力。

在独裁总经理的麾下，小团体被"压制"

但是，这只是表面问题。

水面之下，一定有小团体人脉在屏住呼吸。即使公司处于"无小团体状态"，也应该对这一现实保持清醒的认识，这一点非常重要。

因为独裁体制终有一天会迎来末日。主管的话，离退休应该还有 20~30 年。总经理的年龄也因人而异，**但主管在职期间一定能盼到独裁体制的土崩瓦解。**

创业总经理可能会生病、死亡。此外，还有可能引退。当然，他引退时，会任命新总经理来继承他的权力基础，也算是尽善尽终。

但是，能够维持独裁体制的，基本上只有创业者一代。之后要么是第二代当总经理，要么是作为群臣之首的董事当总经理，没有创业者那么大的权威。这个"巨石"一移走，水面下屏住呼吸的小团体一定会开始行动。小团体力量对抗持续下去，会发展为激烈的斗争。

但是，创业企业中，**小团体斗争往往呈现为创业者家族内围绕着继承权的战争。**同一家族间的斗争很容易演变成爱恨交织的炽烈斗争，所以对于员工来讲，很有可能会陷入残酷状况。

某家族企业经营者告诉过我这么一件事。

他是第二代总经理就任者。创业者是年长他很多的哥哥。哥哥曾是一名优秀的技术人员，以独裁式经营开创了公司，并获得了很大的成功。然而，因为局限于这种成功经验，导致对市场动向判断失误，公司业绩一路下滑。于是，哥哥以身体疾病为由把总经理的位子让给了之前担任董事的弟弟。

当时迫切需要调整经营方针。因此，他就任后立刻陆续向董事会提交了很多新经营策略。但是，遭到了董事会前朝遗臣的全体反对。他每天都和在幕后指挥的哥哥吵架，仍然毫无进展。

于是迫不得已，**他利用总经理权限解除了所有持反对意见的董事。然后残忍地把支持自己的小团体中，在公司内比较有影响力的成员全部做降职处理**。同时，强行重用他在董事时期培养起来的小团体成员。于是，成功地以 V 字形恢复了公司业绩，他说"可真不是什么美好回忆……"，至今回想起来依然五味杂陈。

在家族型企业中，这绝不是特殊案例。确切地说，当独裁总经理引退之后，大都会发生这种激烈的斗争。而且，这种情况下，**员工必然付出代价**。

这一点绝对不能忘记。

离独裁总经理太近，非常危险

首先，有一件事必须做，**即在一定程度上把握水面之下小团体的动向**。如果小团体背后有家族的存在，则需要尤为注意。需要深入洞察家族之间的力量平衡。并且，**行动时要同时考虑到各个小团体。**

然而，人们经常会忽略了这一点。尤其当离总经理过近时，会很容易忽略在水面下潜伏着的小团体。

在这个问题上遭受了痛苦打击的，是伊藤女士（化名，32岁）。

伊藤女士一年前一直在某中小企业从事商品研发工作。工作积极上进的她，有时会直接向创业总经理汇报自己的创意。因为觉得如果跟独裁经营者的总经理拉近距离，商品化的可能性会格外高。如果开发出一款令总经理满意的产品，销售也不得不卖力推销，很有可能会火起来。

因为开发出了好几款热卖商品，总经理把她提拔成了主管。受到总经理青睐的她，可谓是"权倾一世"。

然而，这让她栽了大跟头。

销售小团体对总经理的强制手段非常不满。他们在水面之下，与同样对总经理不满的亲属勾结起来，策划把总经理赶下台。他们掌握了总经理把公司资金挪为私用的证据，下定决心发动变革。

结果，亲属担任总经理，销售小团体势力大增的新体制诞生了。于是，伊藤女士成了牺牲品。对于销售部而言，她是一个借助原总经理的"威望"向其施加难题的研发部主管。在研发部门，她由于受到嫉妒而被孤立。最终，落得个不得不从这家公司离职的下场。

在我看来，强化与拥有独裁权力的总经理之间的联系，以便自己的工作更容易开展这件事本身并没有错。确切地说，想要在中小企业崭露头角，很有必要积极主动靠近总经理。

但是，这里有一个陷阱。**得到总经理的庇护之后，由于这个"威望"太强，会引起种种错觉。**她一定会说，自己并没有打算借助总经理的"威望"，向销售部提出什么要求。但是，问题是对方怎么看。为了避免招致误解，对各种势力都考虑到位是必不可少的。

不要对"独裁总经理的引退"信以为真

时刻关注水面之下潜伏着的小团体，在此基础上，斟酌与各个小团体之间的距离。

基本上是等距离外交。与特定小团体之间的距离太近，万一被独裁总经理觉得你参与"小团体活动"，可能会把你加入制裁对象名单。

此外，因为不知道独裁式经营何时结束，在这之前尽量不要"站队"，是比较明智的做法。一旦"站了队"，万一发生变革，"立场"的选择余地会小很多。

在小团体活动活跃的公司，等距离外交的战略可能难以实施。因为经常会有各小团体过来拉拢你，还要承受对方施加的压力，"到底去哪边，你快点决定"。但是，在独裁式经营下，小团体活动不可能浮出水面，几乎不会有这方面的压力。表示自己会多方考虑，尽量贯彻等距离外交的原则，是比较理想的做法。

最后，还有一点需要注意，即**不要对"独裁总经理的引退"信以为真**。

以下是真实发生在某公司的一件事。

年长的独裁总经理任命了继承人。自己从会长位子上退下来，让一位创业元老级的董事坐上总经理位子。然后，一点一点地把实权交给了新总经理。

　　然而，新总经理一定程度上掌握了公司情况后，开始不走原会长为他铺好的路线，而是朝相反方向起航。于是，会长最终又重新介入。罢免新总经理，自己再次回到总经理位子上。之前与新总经理走得近的人全都被降职。

　　这种情况很常见。主管级别，基本上不会被扫地出门，但是言行过于出格也会很危险。一旦被看作"亲新总经理派"，很有可能在公司里走投无路。

　　所以，要对"独裁总经理的引退"多多留心。**在权力交接完成之后，再明确表示出对新任总经理的支持，会比较明智。**

职商的根本，是"等距离外交"

——切不可加入封闭式小团体

小团体往往带有非正式权力斗争的色彩

四大类中，最为理想的是小团体之间处于健康的紧张关系的状态。既可以借助小团体之间的争论，找出解决更高层次问题的办法，又可以借助小团体间的互相牵制，获得经营上的平衡，可以说是最大限度发挥了小团体优点。

当上主管以后，会有很多小团体来邀你加入。精英员工，有望成为"候补董事"，所以会收到董事小团体的邀请。即使不是精英，也会有想在组织中发挥领导力的人，举着"把有相同想法的同事们聚集起来，共同致力于改变公司现状"的旗号来拉拢你，与类似小团体之间的联系也就应运而生了。

健康的环境下，对于这样的"邀约"不必过于紧张。通过巧妙地与小团体打交道，既可以建立起与高层之间的联系，又可以获得跨部门的人脉，带来各种各样的好处。

话虽如此，**无论环境多么健康，小团体由于自带非正式权力斗争的色彩**，在实际打交道过程中都要慎重判断。想必有这方面烦恼的人不在少数。

曾经有这样一件咨询案例。

咨询方是就职于一家专门商社的木村先生（化名，36岁）。作为销售主管，人们对他一直评价还不错。突然有一天，他收到了一封邮件，发件方是 A 董事的秘书。因为跟他之前几乎没有任何接触，一头雾水中打开邮件一看，是一条短消息。

"A 董事举办的酒会，请前来参加。"

请前来参加？这种半强制性的说法，让人感觉很不舒服，但是也不能直接拒绝，于是回信说"很高兴前去"。

酒会当天，一进入会场他大吃一惊。那里聚集了来自各个部门的王牌级人物。然后，他被带到紧挨董事的位子上，由于紧张又惶恐，坐在旁边的人事总监边给他倒啤酒边在他耳边小声说："**你也终于加入 A 董事派了。祝贺你。今后如有什么问题，请尽管来找我。**"

木村先生这才意识到，自己已经不由自主地进入了 A

董事的小团体。董事也数次拍着他的肩膀说："我听说你很活跃，今后就有劳了。"看这情形，**已经无路可逃……**。如此唐突的打开方式，当时可以说是冷汗直流。

那天总算在没有明确表示"加入小团体"的状态下度过了，两个月后又收到了一封来自 A 董事秘书的邮件。

"怎么样，今后加入小团体如何？"又是这个问题。

把力量平衡考虑进来，判断是否加入小团体

　　不能"沦陷式"加入小团体，这是我的第一条建议。恕我重复，无论多么健康的环境下，小团体都带有非正式权力斗争的色彩。所以，你务必站在职场力量平衡中"所处位置"，做出慎重的判断。

　　首先，要认识到这一点，即你已经有小团体"位置"了。如前文所述，公司里面有"销售阵营""财务阵营"等"阵营"。并且，多数情况下，你所属"阵营"的高层，就是你的支持者。这个支持者的人脉，是你在职场中的支柱。所以，基本上应该避免加入任何小团体，以免刺激到你的支持者，好像认为他没用一样。

　　以木村先生的情况为例。木村先生是销售主管，所以估计销售系统的高层是木村先生的支持者。如果 A 董事为了争夺职位，与木村先生的支持者处于对立关系该怎么办？无疑，木村先生的支持者会不高兴。

　　这种情况下，最好与 A 董事的小团体保持一定距离。一旦被发现做出与自己的第一支持者为敌的事，木村先生在公司内的立场会变得很脆弱。身边的人也会觉得他"抛

弃一直对自己照顾有加的上司，改为追随 A 董事了？"对他产生不信任感。况且，从 A 董事的角度来看，木村先生只不过是一枚棋子。到了紧要关头，会毫不犹豫地舍弃他。到那时，木村先生恐怕就无路可去了。

远离封闭式小团体

第二条建议，是**不加入封闭式小团体。**

这条建议完全来自我个人的实际经历。在我曾长期就职的瑞可利，公司中有很多积极上进、希望发挥领导力的人，且以这些人为中心形成了好几个小团体。并且，这些小团体在健康的紧张关系中蓬勃发展着。

通过观察各个小团体的动向，我发现小团体大致可以分为两种：

1. 团结小团体。

2. 松散小团体。

需要特别注意的是团结小团体。

首先，这些小团体会有很多诸如酒会、高尔夫球会等活动。其中，有的小团体还以集训的名义，在休息日举办让大家在外过夜的集体活动。仅参加这些活动，都会成为很大的负担。处于最底层的我们，很容易被安排做些联络或订场地等杂活，负担会更重。

此外，问题在于，这些小团体往往带有封闭式色彩。经常说别人的坏话，你跟其他小团体成员一起喝个酒都会遭到揶揄，"怎么回事？"于是，与小团体外同事之间会形成一条鸿沟。而且，当你想脱离小团体，他们会质问你"为什么要背叛我们？"脱离小团体后也会明里暗里找你的茬。

不小心和管理者走得太近，会被当作"隶属"

尤其是以高层为领袖的小团体，更加需要注意。

以"拥护 A 董事当总经理""推举 B 总监当董事"等理由成立的小团体中，如果与领袖以外的人保持联系，在小团体内会被嫌弃。

所以，很容易造成在公司里只拥有有限人脉的局面。万一小团体斗争爆发，绝不允许你逃离。**一旦加入封闭式小团体，等距离外交将无法实施，会成为束缚你手脚的巨大枷锁。**

本来，**跟在高层做势力斗争的人物走得太近，是很危险的行为。**对方身经百战，如果是因为你非常有能力才拉你入团体，那也另当别论，但是稍不注意，就会被置于主仆关系（或隶属关系）。这样一来，**这之后的漫长职场生活，你就不得不在自我牺牲中度过了。**接近有能力的大人物时，一定要认真看清自己的实力，慎重再慎重。

但是，有一类人明知道这一点，还是要加入封闭式小团体。

那就是缺乏自信的人。主管，一个位于被上司、下属、相关部门等多种角色包围起来的艰难职位。正因为如此，缺乏自信的人，会想有强者作为后盾。但是，出于这样的理由，进入强者的庇护支架，则百分之百会被迫沦为隶属立场。

与其如此，还不如顶住内心的焦虑，专注于提高自身工作能力。然后，通过与松散小团体开展等距离外交，来奠定自己在公司内的立场，更有利于开拓坚实的职业生涯。

看清自己的得失，斟酌与小团体之间的距离

万一不小心一只脚踏进了封闭式小团体，最好在完全进入之前离开。

为此需准备一个理由（假话也无所谓），不去参加小团体的集体活动。没有必要公开宣布退出小团体，去故意招人怨恨。不过，只要不想招人怨恨，就不要用这样的方式拒绝。

"实在抱歉，我很想去，可是那天儿子幼儿园开运动会，没办法去参加。下次有机会请再通知我。"

这么说，对方会认为"下次可以再约"。这样等于给了别人希望，然而每次都拒绝，反而会招致别人的反感。

只要像这样，简单地告诉对方自己无法参加的理由就够了。

"很抱歉，那天儿子幼儿园开运动会，我无法参加。"

当然，多少还是会承受一些来自小团体成员的压力，这样拒绝几次之后，对方就会放弃。然后，工作上需要和他们接触时，只要拿出职业精神，真诚地沟通，就不至于蒙受巨大的利益损失。

作为主管，你今后还有漫长的职业道路要走。

　　没有必要进入封闭式小团体，去限制自己的可能性。计算出自己的得失之后，有意识地选择与小团体之间的距离，是比较明智的做法。一定要多加小心，不要让自己陷入小团体活动浪费时间，更不要因此树敌。

在职场拼搏中生存下来

—— 做一个具有专业精神的主管

集体中，必然会发生斗争

当小团体之间处于不健康的状况时，对职场人而言是最难熬的时刻。四大类中"小团体之间处于排他关系状态"和"小团体之间处于对立关系状态"，就是指这样的时刻。

所谓"排他关系"，是有排斥对方小团体的力量在起作用，水面之下发生着斗争的状态。所谓"对立关系"，指的是这种状态逐步升级，进入了明显的斗争状态。当公司陷入这种状态，应该如何行动，这是每个职场人都要面对的巨大烦恼。

残酷地说，所有公司都隐藏着陷入这种状态的可能性。要知道，**公司作为人类集体，必然会出现人际关系问题。**

原因在于，公司必须在一个想法的指挥下运营，当公司内存在多个想法，必然会出现斗争，直到其中一个想法胜出，掌握了权力。

　　我有这方面的真实体会。

　　还是在瑞可利，我当时担任杂志的总编辑。那时候，两位女性共同经营创业的案例非常多，所以做了一期"两位女性创立公司"的特辑。编辑部分头行动，采访了10家公司，拍摄了志同道合的两个共同经营者工作时的样子，完成了充满希望的杂志版面。

　　然而，两年后——追踪采访时，我们看到了令人大跌眼镜的现实。完全出乎预料，之前所有采访到的公司的两个共同经营者都决裂了。

　　两位经营者可能刚开始志同道合，但本来就是两个完全不同的人。两个人拥有相同的价值观和人生信条等，压根就不可能合作。在发展事业的过程中，当然会出现两个人意见相左的情况。

　　这就关系到斗争了。两个人都想提高自己的影响力，开始召集员工、成立小团体。然后，展开势力斗争。不停斗争，直到有一方最终被驱逐出去。

　　不止其中一两家公司如此，而是所有公司都发生了这样的状况。我当时颇受打击，但是不得不接受这一现实，这就是组织的现实状况。

从根本来讲，"共同经营体制"纯粹是幻想。组织中，绝不可能有多人拥有对等权力。**权力必须集中。而且，当力量平衡遭到破坏，围绕着权力的斗争必然会发生。**要在公司中生存下去，必须冷静地接受这一现实。

主管应尽量远离争斗

那么，在这种状况之下，主管应该按照什么方针行动呢？

首先，应该有意识地**远离争斗**。主管位于职场权力结构的末端。不是职场中的主要玩家，最多也就是被定位在指挥一线的"官僚"位置。这一点，请清楚地认识到。

关于这一点，马克思·韦伯的《作为职业的政治》一书中，有一部分可以作为参考。因本书是由原文忠实翻译过来，有点难懂，所以这里引用了刊登在维基百科上的相同章节的概括内容。

"官僚应是专业人士，且是非党派人士，不能卷入政治斗争。党派性和斗争是政治家的本领，官僚的责任则截然不同。官僚即使发现上面的命令和自己的意见相冲突，也应把它当作信念执行下去。"

这一点同样可以适用于公司高层与主管的关系。经营方针由董事会决定，主管要按照这一方针指挥一线。**参与制定经营方针的高层，不管情愿与否都不得不参与争斗，主管本来就不在这样的立场上**，也不应该有被卷入进去的言行。

当然，有自己的主义、主张很重要。当上总监、董事以后，这个主义、主张的强度会成为你提高职商技能的根源。但是，**主管时期，则不能提出自己的主义、主张。**尤其是发生斗争时，这些举动非常危险。

换句话说，应专注于做一名有专业精神的主管。即使上面下达的指示与自己的主义、主张相悖，只要这个指示是通过正规渠道下达的，就忠实地执行，这才是有专业精神的主管。

并且，贯彻专业精神，任何人都找不到责难你的理由。即使对你不满的势力向你施加了非正式压力，只要用"按照公司指示办事是我的工作"回应他们，对方自然没有反驳的余地。

只要坚持住这一个大原则，也就等于守住了你的人际关系的安全。

陷入小团体主义的组织，思维容易走偏

话虽如此，现实中，主管也免不了受到斗争的影响。

比如，当每个部门分属不同的小团体，处于互相排斥、对立关系的情况下，只要你属于这个部门，就不得不承担起相应的立场。

但是，**这种陷入小团体主义的组织，由于过于执着于自己部门的"党派"利益和权限，成员们的思维很容易走偏。**对自己部门不利的事实视而不见，甚至还会出现把自己部门的利益放在公司整体利益之上的情况。况且，**主管本来就被寄予了言行要符合部门利益的期望。**

麻烦在于，这种部门内部往往有强大的同调压力。有时内部也会产生对立。有人仅仅是与其他部门光明正大地打交道，都会被人安插上"有背叛行为"的罪名。

遭到这样的反感后，为了不至于在部门内被孤立起来，采取行动时掌握一定的"小团体理论"是较为妥当的做法。然而，这里也会有陷阱。**一旦过于顺应小团体主义，往往很可能因此埋下巨大的祸根。**

他们为何会在精神上被逼到绝境

就职于一家中型制造企业的村上先生（化名，43 岁），就曾经掉进过这种陷阱。

这家公司，曾在 5 年前发生过变革。公司里有研发部和销售部两个小团体，常年处于互相排斥的关系。近 20 年间，处于上风的是研发部。研发部的领导担任了董事，作为总经理的左膀右臂深受信赖。凡是重大决策，往往都要尊重研发部的意见，人事方面的待遇也明显更好。村上先生作为研发部的"希望之星"，被寄予了厚望，充分发挥着自己的能力。

然而，这位董事突发死亡了。常年屈居第三名的销售部领导当上了董事，开始快速扩大自己的影响力。

一年左右的时间，尚未发生明显的风波。但是，突然有一天，开始发动强攻。研发部的总监级全被调到了分公司，主管级也遭到重大人事变动。

其中，公司内最受关注的莫过于村上先生的人事变动。他被调到了销售部一个不太重要的部门担任主管，被公认为是从研发部重要位置上的实质性降级。

不仅如此，之后，村上先生在销售部处于非常痛苦的立场。本来他没有销售经验，而且又是不太重要的部门主管，地位就比较低。再加上以前在研发部的一些言行，带来了这场灾难。

村上先生在研发部处于优势地位时期，以及变革发生后，都大肆宣扬诸如"销售的工作，就是把我们研发部研发出来的商品卖出去""不但要把畅销商品卖好，不那么畅销的商品也得想办法卖出去，这就是销售的工作"这种"研发部理论"。在研发部的总监们被放逐，自己成为众矢之的时，仍然在表自己维护研发部利益的"义胆忠心"。于是，就被"盯上了"。被调到销售部之后，当初的那些发言不断被旧事重提，**在精神上被逼入绝境的他，不得到走到了离职那一步。**

一位与村上先生熟识的同事，这样感叹道："也许是为了让大家知道销售部执掌着公司吧……完全装作没看见，**那是在杀鸡儆猴。**"

的确，我个人也无法认同销售部的做法。几乎是接近霸凌的状态。并且，换个角度来看，村上先生也是被害者。原因在于，自他进入公司以来，研发部一直处于优势地位，在这期间，公司也经常向他灌输"研发部理论"，被这种理论洗脑也是没有办法的事。

　　但是，无论如何都不得不承认，过于沉浸于"小团体主义"的村上先生，还是有一定的弱点。**过于沉浸于小团体主义，在职场上会成为巨大的风险。**

真正保持中立立场的做法

那么，应该怎么做呢？

答案只有一个。那就是**把职场人的诚实性作为言行的基准**。所有的职场人，都应该通过满足顾客需求，促进社会和谐的同时，为公司做出贡献。要持续忠实于这一出发点。

"是否真正对客户有益？""会不会被社会接受？""对公司整体是否有贡献？"这样自问自答一下，就能发现"小团体主义"带来的思维上的偏离。

比如，虽说"销售部的工作，就是把我们研发出来的商品卖出去"有一定的道理，但是，通过思考"这对顾客真的有帮助吗""真的对社会有益吗"，就会产生"商品研发时，最好听取与顾客和批发商直接沟通的销售部的意见"的观点。**通过经常站回工作的原点，努力改正思维上的偏离，就不至于去冒陷入"小团体主义"的危险了。**

此外，应以"作为职场人，何谓忠诚"为行为基准，而不是以"小团体主义"。

当然，还是有必要照顾到"小团体主义"。轻易地对"小团体主义"进行批判，在部门内可能会被孤立。但是，当部门采取了"偏颇决策"的情况下，至少可以做到不去积极赞成。视具体情况，还可以表达一下反对意见，也可以不明确表态。此外，我认为，当公司采取从小团体主义中脱离出来的行动，就是现实的忠诚态度。

而且，对处于对立关系的销售部，也要坚持同样的原则。与"小团体主义"保持距离，忠诚地对待工作，也不会刺激到对立部门的成员。

我认为这才是中立立场。

与对立的小团体为友，不是中立立场。

忠实于原则，才是真正的保持中立立场。

Chapter 7

=

比赢在上班时更重要的事

7

减少对立者的最佳方法是什么

——上班时必赢方法

提防对立方设下圈套的方法

尽量不树敌，是职商的不变法则，现实中却很难做到。

无论多么注意人际关系，也无法避免被对方敌视。尤其需要注意的是，当你处于顺风时，在同期职员中，率先当上主管、在主管位子上又顺利做出业绩、深受高层的青睐。这种局面下，很有可能有人**因为嫉妒而敌视你**，这一点需要有所认识。

为避免这种风险，必须始终保持谦虚。这一点，说起来容易，做起来难。无论怎么小心，顺风顺水时都难免露出破绽。"粒满穗垂，知博益谦。"正如这句老生常谈的格言所说，细致周密地践行这一点，是你明哲保身的最好方法。

这样的情况下，仍然有敌人出现该怎么办呢？

首先，要采取防御姿势。

需要特别注意的是**圈套**。提起圈套，可能大家脑海中会浮现出职场电视剧中常见的"失足剧"情景，不过现实中的职场圈套更小。能带给你致命损失的圈套，设套者也要承担相应的风险。即使一个微不足道的圈套，如果这个圈套分量较重，也有可能因此撼动上司和下属对你的信赖，从而降低你的影响力。这里，掌握最低限度的防御措施就好了。

尤其需要注意的是信息。**因为在信息上设圈套的情况最多。**

比如，业务交接方面的资料。假如前任主管交给你厚厚一沓资料，并做了口头说明。这时，最好考虑到圈套的可能性。说不定，其中还有比较棘手的案子。本来前任主管应该对这种案子做详细说明，但是如果对方敌视你，绝不会对你明说，而是把它混在厚厚的资料里面。

万一你没有发现关于这个案子的记载，没有采取适当的对应措施，很可能会埋下后患。因为资料里面清楚地写着呢。

当然，可以通过认真研读资料来避免入圈套。但是，还有更有效的方法。这个阶段，应该明确问对方是否有棘手案子。而且，不是通过口头问，而是要通过邮件等方式，以便留存证据。当然，要求对方也以便于留存证据的方式回答。有了这个证据，今后就能追问对方的说明责任了。对方很可能会有所忌惮，从而向你提供正确信息。

有必要时刻考虑到被设圈套的可能性，然后提前想好避免进入圈套的应对措施。**只要你采取了可靠的防御姿态，对方也就不那么容易设圈套了。**

对立者的负面宣传是良机

对立者有时候会到处宣扬你的负面消息。

可能会在公司内部释放小道消息、到处讲你的坏话。如果对方拥有一定的影响力，对你而言会构成威胁。

这时，最忌讳的是情绪化反应。在上班时，**最容易恶化自身立场的，莫过于你表现出生气等负面情绪。**

一方面，周围的人也讨厌接触负面情绪，这种言行会给很多人留下"这人气量小"的印象。最终会大大降低你的影响力。一张永远不动声色的脸，是保持高职商技能的秘诀。

倒不如抓住**对方做负面宣传的良机**。其中，也有人会接受他的负面宣传，只要你积累了一定的"信赖储蓄"，就必然会有人对他的负面宣传表示怀疑、不相信。这正是进一步获取这些人支持的机会。

因此，要赞扬你的对立者。在对方不在的情况下，即使违心的赞扬也无妨。并且，对他本人也坦诚相待。心中牢记"给对方重要感""首先，要给予……"的策略，自然会有越来越多的人被你的人格魅力征服。当你的支持者多起来，对立者自然也就走投无路了。做负面宣传的人，也会开始意识到与你对立不是上策。

这就是所谓的"笑里藏刀"。与其毫无顾忌地去应对对方的挑衅，倒不如向对方施加一些压力更有效。你一直坚持友好姿态，说不定对方会改变对立的立场，只需默默接受即可。

不做会输的争吵

"化敌为友时，并不意味着敌人减少了。"

这是林肯的一句遗言。"减少对立者的最好方法，是化敌为友"，这是在上班时需要时刻牢记的一点。

首先，**公司内部的矛盾，往往会造成两败俱伤的局面。**在对方的挑衅之下，迎头而上，把对立关系进一步深化，最终无论输还是赢，都必然要遭到组织的制裁。这是非常愚蠢的行为。

此外，它还是战略上极为妥当的一种姿态。只要参加战争，就必须赢。尤其是发展到把小团体、部门、上司全都卷进来的斗争时，一旦输了，必然会彻底崩溃。**"不做会输的争吵"，也是职场中的一个不变法则。**尽量避免"有一丝输的可能性的争吵"，也是一个比较明智的处世之道。从这个意义来讲，"减少对立者的最好方法，是化敌为友"这句话，是一句值得铭刻于心的教诲。

不过，当稳赢时，则另当别论。

当你有正当性，**确保能赢时，则不惜行使高职商技能也要去争。**尤其是当你在受委屈的立场上时，更不能放过改变这种状况的机会。

提高职商的 5 个条件

　　这是从任出版社编辑总监的伊藤先生（化名，56 岁）那里听说的一件事。

　　他曾经是商务期刊的副主编。以年轻的创业领袖为中心，在商界积累了广阔人脉的他，在作为王牌记者活跃于一线的同时，还积极参与期刊制作等实务。他深受采访对象、销售部以及下属的信赖，被公认为下一任主编候选。

　　但是，这里有个障碍，即主编。他也曾经是王牌记者，被称为期刊的"中兴之祖"，做出过巨大贡献的人物。受到当时编辑总监的信任，在编辑部拥有至上的权力。然而，由于长期担任主编，版面千篇一律，销售状况低迷。此外，对待下属特别粗暴，是令编辑部产生不和谐声音的元凶。

　　伊藤先生对主编的财界中心编辑方针持批判意见，坚信应该通过向年轻人介绍更多的成功企业家，来扩大读者层。此外，由于下属们对主编的不满已达到上限，再继续现有体制的话将对公司不利。

　　有一天，伊藤先生发现了主编滥用经费的证据。他无意中看到了主编桌子上放着的一张报销单，上面写着日期和接待对象。但是，由于伊藤先生跟他很熟悉，那一天，他其实是在国外出差。于是，他在财务部同期的帮助下，对主编过去的报销单做了详细调查，发现了不计其数的假账。

有这一证据在手，伊藤先生开始采取行动了。他跟总编直接谈判，"没办法跟着这样的主编干下去了，如果您不同意这个要求，我就辞职"，并向当时同样对编辑方针持批判意见的销售部一把手，以及信赖自己的高层传达了这一信息。当然，下属们也暗中配合伊藤先生的行动。于是，主编被罢免。伊腾先生当上了主编。

回首当时，伊藤先生感叹道："说实话，当时怕极了。再怎么证据确凿，毕竟对方是主编。当时真是下定宁死不屈的决心了。"

我认为，这里具备了所有赢得斗争的条件。

第一，"大义"的存在。摆脱销量低迷的困境，正符合公司的"大义"。另外，下属的不满也是支持这一"大义"的要素。

第二，伊藤先生拥有完成这一"大义"的能力。无论"大义"多么正确，如果没有实现它的能力，伊藤先生的请求也不会被接受。

第三，赢得组织民意。伊藤先生不仅赢得了下属们的信赖，还赢得了以对编辑方针持批判意见的销售部为首的高层及客户方的信赖。不具备这一点，在公司内部扛起反旗的伊藤先生，在公司内必然会被孤立起来。主编及支持他的总编，就败在这一弱势。

第四，**做好辞职的精神准备**。业绩和能力都突出的员工一旦离职，对高层而言是一种威胁。而且，正是有了这种精神准备，谈判才会有压迫力。反之，如果不具备跳槽的能力，还是放弃斗争的想法为好。

第五，**"不正当事实"**。这在更新换代中是致命一招，但是，如果不具备前面四个条件，伊藤先生的变革也不会成功。

反过来讲，如果不同时具备这些条件，建议彻底避开斗争。总之，要以"消灭对立者的最好方法，是化敌为友"为原则，在职场中保持越挫越勇的精神。

比赢在上班时更重要的事

——是否能接受自己的生存方式

上班时，最重要的是什么

世事难料，是职场的现实。

长年处于健康的紧张关系的小团体、部门，说不定哪天由于业绩下滑而一下子跌入排斥的、对立的关系。尤其是近年来，由于技术革新和创新，之前的主营业务开始急剧下滑的情况很多，很多职场人在这样的状况变化中痛苦不堪。

此外，你的支持者也许某一天会一病不起或黯然下台。这样一来，之前的立场会大大动摇。家族企业中，可能会由于家族亲属之间的斗争，而一夜之间推翻之前的经营体制，可能会在煽动下采取蛮横无理的立场；或者由于资产重组而被其他公司吞并，从而被置于劣势地位。

本书讲到的，都是在上班时陷入这样那样状况的可能性的前提下，应该采取的明智的对应措施。但是，**未来的事谁都无法预测**。况且，世界上压根就不存在完美的风险管理。漫长的职场生涯中，需要在残酷的职场中磨砺自己，这一点请务必有充分的精神准备。

　　万一陷入这样的状况，应该如何对应呢？

　　首先，最重要的一点，是**让自己变得重要**。

　　斗争中，身心都会遭到急剧消耗。原因在于，它往往会变成"全人类之战""感情之战"。不仅要看工作业绩、工作能力，还要看有没有赢得周围的人的信赖和善意，如何巧妙地让对立者为自己做事，是否下定决心奔赴惨烈的"战场"，在流言蜚语、恶意中伤中能否保持平常心，即所谓的"品格"。并且，这种状况会一直持续下去，直到决出胜负。在这种倾轧中身心俱疲也毫不稀奇。

　　希望大家能够避开这种情况。

　　即便我们是为了公司而工作，也绝不是为了工作而活着。归根结底，我们是为了度过充实的人生而活着。当然，工作可以为我们带来很大的充实感，但如果因此伤害到身心，那就未免本末倒置了。终归只是一份工作。有时候，**参与一下斗争也无妨，横下一条心就是了，这一点也很重要**。此外，不为公司的事患得患失。培养这样一种"钝感力"非常重要。

重视能够完全忘掉公司事务的时间

　　置身于如火如荼的职场，公司的事情会一直在你大脑中盘旋。

　　所以，一定要保证每周至少有一次给自己一场"**优质休养**"的机会。"优质休养"就是让自己**拥有一段可以完全忘掉公司事务的时间**。沉浸在喜爱的运动中也好，醉心于绘画、电影、小说等艺术活动中也行。或者，与心爱的家人共度一段放松心情的时光，并且发自内心地去享受这段时光。

　　也可以说是从现实世界中的"心灵逃离"。绝不能轻视它的效果。不仅有维护心理健康的效果，通过沉浸在喜欢的事情上，你会发现那些现实世界中的纷纷扰扰，已经变得越来越微不足道了。通过用这样冷静的视角，去俯瞰公司里的大小事务，你会发现不经意间就有了对策。一天24小时都为斗争而烦恼，视野很容易局限起来。倒不如通过安排一场"优质休养"，来维持能够俯瞰全局的精神状态，还能促进工作朝有利方向发展。

　　内心不积攒负面情绪这一点也很重要。

所以，有必要时不时跟可靠的人发发牢骚，排解一下内心的郁闷。但是，无论对方多么可靠，最好还是**避免对公司同事说出心中所有的真心话**。

因为对方也跟你一样，同样在职场中"战斗"着。万一他因为什么事在职场上沦为被动地位，有可能会把从你这里听到的信息泄漏给第三者。到那时，你在公司将会处于不利的立场，同时还会失去与对方之间的信赖关系。

这会在你的内心留下深刻的伤痕。为了不招致那样的事态发生，一定要谨记不能对公司里面的人说出全部真心话。**重视与重要同事之间的关系**。

让左迁真正成为左迁的是自己

此外，在职场中，免不了有蛮横无理的人事调动。

比如，左迁。这种精神上的打击非常严重。我见过很多人从此恨上左迁自己的势力或人物，然后自暴自弃。这种人对工作失去斗志，整日沉湎于酒精等，度过自我伤害式人生的姿态多么可悲。

正是在这样的时刻，才必须重视自己。首先，**先冷静地接受自己陷入的状况**。怨恨别人也丝毫改变不了状况。倒不如给自己安排一场"优质休养"，保持身心健康。然后，通过回顾自己的能力，把它变成磨炼自己职场能力的机会。把它灵活运用到眼前的工作中，必然可以提高自己在上班时的评价。然后，**机会也必然会再次来到你身边**。

有一个人令我印象深刻，是在大型企业担任董事的小西先生（化名，63 岁）。到了这把年纪才当上董事，是因为之前曾被卷入小团体斗争而被左迁，拥有一段颇为痛苦的过去。

当时的确毫无道理可讲。当时，小西先生被分配到了销售部，也顺利地积累了良好的业绩，然而这时出现了两组小团体斗争，在争夺销售总监的位子。小西先生的直属上司是其中一方争夺职位小团体的主力，他被迫卷入了这场斗争。

当时小西先生是销售部的杰出人物，负责一个关系到公司命运的重要项目。与竞争对手在争取某个大公司的订单，竞争非常激烈。这埋下了祸根。**对立小团体竟然毫无道理地把小西先生的策划方案泄露给了竞争对手。**

结果，小西先生输给了竞争对手。由于这个项目关系到公司命运，在公司内部被严厉追究责任。于是，**跟上司一起被左迁到下级公司。**当然，泄密的一派夺取了销售总监的位子，开始讴歌全盛时代。

"当时对泄密一事一无所知。现在看来，或许是好事。很遗憾，但是在竞争中输掉是我的责任，我谁都不恨。当时的想法是，那就在现在这个地方从头再来吧。心里释然以后，发现在分公司的工作也很有趣。"小西先生这样说道。

数年后泄密一事才真相大白。

一个当事人因为不满在竞争对手公司的待遇，下定决心离职，同时将这一信息公布于世。于是，公司里面乱成了一窝蜂。因为这属于为了自己小团体的利益，而出卖公司利益的行为，是绝对无法容忍的背叛行为。策划泄密的当事人，被立即解雇了。取而代之，在地方干出了一番业绩的小西先生，被破格提拔为销售总监。

"的确很意外。不过，从中受益匪浅。即**决不能为了在职场斗争中获胜，而做违背道义的事情**。而且，无论立场多么糟糕，只要认真去做，机会一定会垂怜于你。也许泄密一事永远不被公开。如果那样，也就没有现在的我了。即便那样，我也会在分公司努力工作，一样度过充实的职场生活。我觉得那样也很不错。所以，我深切体会到，时刻保持积极向上的生活态度十分重要。把左迁真正变为左迁的是自己。由于自己被左迁，而去憎恨其他人，其实毫无意义。"

像小西先生这样，拥有戏剧般职场生涯的人不多。但是，小西先生的这番话，却给我们带来了很多启示。

职场上的输与赢，放在人生当中其实微不足道

　　这里再向大家介绍一个人，是曾经在某大型零售企业担任董事的饭塚先生（化名）。虽然他已经去世，但那家公司至今还有很多人是饭塚先生的信奉者，可见他的影响力多么大。他为人豪爽大方，非常有威望，而且，热爱学习，非常富有商务方面的创造力。他从年轻时就崭露头角，在升职的道路上勇往直前。在同期中率先当上了董事。

　　然而，当时那家公司有一位被称为"天皇"的独裁式总经理。或许这位总经理觉得饭塚先生的存在对自己构成了威胁，对他所有的项目方案都一一驳回。其中，最大的问题是饭塚先生多年研究出来的"制售一体项目"。对此，总经理强烈反对，理由是"如何处理与现有供应商厂家的关系"。但是，饭塚先生坚持认为这是关系到公司命运的项目，当面向总经理提出了反对意见。这一点触怒了总经理，于是把他贬到了分公司。

　　这一人事变动，在公司内激起了轩然大波。既有对拥有众多信奉者的饭塚先生的失足的震惊，也有对获得了广泛支持的"制售一体项目"可能性丧失的失望。但是，最应

该感到万念俱灰的饭塚先生，却以若无其事的表情，对亲近的下属说了这样一番话："这是我的失误。我当初应该再努一把力去赢得总经理的信赖。结果变成这样，十分过意不去。但是，大家千万不要放弃。希望大家站在能够实现自己认为正确的事的立场上，拼尽全力。我会尽我所能为大家提供支持。"

之后，在分公司发挥才能的同时，饭塚先生还经常找如今还在为实现"制售一体项目"而努力的老下属们谈话，不断鼓励他们。但是，数年后，他在不走运的状态下去世了。**他的葬礼上，有大批下属前来悼念。**与饭塚先生相熟的一个人这样说道："无论什么时候，都昂首挺胸、积极向前走的背影，真的是帅极了。我一度憧憬自己成为他那样的人，想必大家都是这样。正因为他是纯粹追求'大义'的人，才有那么多下属仰慕他。我认为，尽管他在不走运中走向了人生终点，**但他的人生绝对不是不幸的。**"

每次想起这些人，我都会思考一个问题："为什么要进行职场斗争？"

当然，职商一定要提升。本书中，列出了提高职商的一系列不变法则。但是，我总觉得有一种东西更加重要，它超越了胜负。

即你想达到什么目标？你想要什么样的生活方式？

这种想法才是真物，如果能获得很多人的认可，必然会产生超越胜负的价值。从这一意义上来讲，职场上的输赢，放在人生当中，其实根本微不足道。

所以，我希望大家务必仔细倾听一下自己的心声，叩问自己想达到什么样的目标，想要什么样的生活方式，找到自己内心真实的答案。

只要认可了自己的生活方式，职场上的输赢也就无足轻重了。只有达到这么豁然开朗的境界，才能勇往直前地挑战上班时。

后 记

"不能被职场争斗这种低效事务牵绊住""跑关系，走后门的行为不道德""市场变化如此激烈，在内部搞职场斗争不合适"……如果越来越多的人轻蔑、不关心职场会怎么样？忽略应对市场需求，贡献社会这种公司原本的存在意义，为了满足自己的权力欲望或保护自己，只会令职场的人变得飞扬跋扈。

无论什么样的公司，都会有人际关系。因为人聚集的地方，必然会产生争执。的确，完全没有无聊的权势之争，全体员工齐心协力应对市场和客户的公司也有。不过，只能说，是因为这样的公司中存在高职商管理者。

这本书是为真诚希望努力达成工作既定目标的职场人而写。希望大家积极面对职场，通过实现善意目的发挥职商，打造出越来越好的上班状态。如果本书能助你一臂之力，将是我莫大的荣幸。

高城幸司